高等教育高职高专系列教材
广东省一流高职院校建设计划成果

丝网印刷操作实务

李 伟 主 编

陈海生　李大红　魏继文　副主编

中国轻工业出版社

图书在版编目（CIP）数据

丝网印刷操作实务/李伟主编. —北京：中国轻工业
出版社，2023.2

高等教育高职高专"十三五"规划教材

ISBN 978-7-5184-2283-8

Ⅰ.①丝…　Ⅱ.①李…　Ⅲ.①丝网印刷-工艺-高等
职业教育-教材　Ⅳ.①TS871.1

中国版本图书馆 CIP 数据核字（2019）第 049479 号

责任编辑：杜宇芳　　责任终审：劳国强　　整体设计：锋尚设计
策划编辑：杜宇芳　　责任校对：吴大朋　　责任监印：张　可

出版发行：中国轻工业出版社（北京东长安街 6 号，邮编：100740）
印　　刷：河北鑫兆源印刷有限公司
经　　销：各地新华书店
版　　次：2023 年 2 月第 1 版第 4 次印刷
开　　本：787×1092　1/16　印张：13.5
字　　数：300 千字
书　　号：ISBN 978-7-5184-2283-8　定价：49.80 元
邮购电话：010-65241695
发行电话：010-85119835　传真：85113293
网　　址：http://www.chlip.com.cn
Email：club@chlip.com.cn

总　序

依据生产服务的真实流程设计教学空间和课程模块，通过真实案例和项目激发学习者在学习、探究和职业上的兴趣，最终促进教学流程和教学方法的改革，这种体现真实性的教学活动，已经成为现代职业教育专业课程体系改革的重点任务，也是高职教育适应经济社会发展、产业升级和技术进步的需要，更是现代职业教育体系自我完善的必然要求。

近年来，东莞职业技术学院深入贯彻国家和省市系列职业教育会议精神，持续推进教育教学改革，创新实践"政校行企协同，学产服用一体"人才培养模式，构建了"学产服用一体"的育人机制，将人才培养置于"政校行企"协同育人的开放系统中，贯穿于教学、生产、服务与应用四位一体的全过程，实现了政府、学校、行业、企业共同参与卓越技术技能人才培养，取得了较为显著的成效，尤其是在课程模式改革方面，形成了具有学校特色的课程改革模式，为学校人才培养模式改革提供了坚实的支撑。

学校的课程模式体现了两个特点：一是教学内容与生产、服务、应用的内容对接，即教学课程通过职业岗位的真实任务来实现，如生产任务、服务任务、应用任务等；二是教学过程与生产、服务、应用过程对接，即学生在真实或仿真的"产服用"典型任务中，也完成了教学任务，实现教学、生产、服务、应用的一体化。

本次出版的系列重点专业建设教材是"政校行企协同，学产服用一体"人才培养模式改革的一项重要成果，它打破了传统教材按学科知识体系编排的体例，根据职业岗位能力需求以模块化、项目化的结构来重新架构整个教材体系，较于传统教材主要有以下三个方面的创新。

一是彰显高职教育特色，具有创新性。教材以社会生活及职业活动过程为导向，以项目、任务为驱动，按项目或模块体例编排。每个项目或模块根据能力、素质训练和知识认知目标的需要，设计具有实操性和情境性的任务，体现了现代职业教育理念和先进的教学观。教材在理念上和体例上均有创新，对教师的"教"和学员的"学"，具有清晰的导向作用。

二是兼顾教材内容的稳定与更新，具有实践性。教材内容既注重传授成熟稳定的、在实践中广泛应用的技术和国家标准，也介绍新知识、新技术、新方法、新设备，并强化教学内容与职业资格考试内容的对接，使学生的知识储备能够适应社会生活和技术进步的需要。教材体现了理论与实践相结合，训练项目、训练素材及案例丰富，实践内容充足，尤其是实习实训教材具有很强的直观性和可操作性，对生产实践具有指导作用。

三是编著团队"双师"结合，具有针对性。教材编写团队均由校内专任教师与校外行业专家、企业能工巧匠组成，在知识、经验、能力和视野等方面可以起到互补促进作用，能较为精准地把握专业发展前沿、行业发展动向及教材内容取舍，具有较强的实用性和针对性，从而对教材编写的质量具有较稳定的保障。

东莞职业技术学院重点专业建设教材编委会

前　言

　　丝网印刷是现代四大印刷方式之一，以其独特的魅力和自身的特点，历经几千年而不衰。丝网印刷因其独特的工艺被称为"万能印刷"，目前随着新材料、新技术的不断涌现，丝网印刷焕发出新的生机，被广泛地应用在高档包装、装饰装潢、电子产业、陶瓷贴花、纺织印染等行业。

　　传统的丝网印刷教材重理论而轻实操，或者理论与实操相分离，以丝网制版及印刷流程单向来介绍底版制作、绷网工艺、涂布工艺、晒版工艺和质量检测等工艺技术，而没有很好的将理论注入到实践教学中。为推进高职高专院校"政校行企，学产服用一体"的人才培养模式改革，体现工学结合的教学特色，本教材以工作过程为导向，以项目化教学为手段，重新编排理论知识及实操教学体系，体现了"基于工作过程"、"教、学、做"一体的教学理念。全书以从易到难的五个教学项目为载体，每个项目都包含传统丝网印刷流程，但每个项目所用的工具、材料、设备、工艺又不尽相同，同时将相应的理论知识贯穿到实操过程中，内容上既考虑理论知识的系统性，又兼顾实际操作的重要性，每个项目由项目描述、项目分析、知识目标、能力目标来展开，将丝网印刷工艺各流程分解成不同任务来进行，最后进行项目小结，以及安排相应的实践训练。

　　本书内容有：项目一，走近丝网印刷；项目二，单色丝网印刷；项目三，套色丝网印刷；项目四，网目调丝网印刷；项目五，包装盒特效丝网印刷。每个项目由印前设计及底片制作、绷网、感光胶涂布、晒版、印刷、质量控制六个任务来进行，项目的设计和任务设置综合考虑了当前丝网印刷的主要业务范围及企业岗位能力的需求，并按国家网版制版工初、中、高级职业资格标准来设置教学内容及安排实践任务。

　　本书编写过程中，得到中山嘉鸿制版有限公司的大力支持，可供全国高职高专院校开设印刷与包装专业的学生用作教材和参考书。由于编者编写水平有限，书中错误在所难免，敬请读者批评指正。

目　录

项目一　走近丝网印刷

项目二　单色丝网印刷

项目三　　套色丝网印刷

项目四　网目调丝网印刷

项目五　包装盒特效丝网印刷

 # 项目一　走近丝网印刷

项目描述

丝网印刷是四大印刷方式之一，其独特的工艺原理及印刷特点，使其成为承印范围最广的一种印刷方式，被广泛地应用在高档包装、装饰装潢、电子产业、陶瓷贴花、纺织印染等行业。

通过查阅资料掌握丝网印刷的特点和相关设备、材料，了解丝网印刷的应用范围，寻找日常生活中所接触到的丝网印刷物品。

参观丝网印刷实训室和丝网印刷企业，认识不同的丝网印刷机和材料，进行简单丝网印刷操作。

项目分析

丝网印刷与我们日常生活密切相关，首先需掌握丝网印刷原理和特点，留心生活中的印刷品可能的印刷方式，并查阅资料求证。认识丝网印刷手印台、刮刀、油墨并掌握基本使用方法，以纸张为承印物进行简易印刷。

知识目标

掌握丝网印刷的概念、原理和特点。
了解丝网印刷的工艺流程。

能力目标

认识丝网印刷相关设备。
学会基本的丝网印刷方法。

支撑知识

知识一　丝网印刷的基本原理、特点及应用

一、丝网印刷基本原理

孔版印刷与平版印刷、凸版印刷、凹版印刷一起被称为四大印刷方法。丝网印刷，又称网版印刷，简称网印，是孔版印刷中应用最广泛的工艺方法。其原理是将丝织物、合成纤维或金属丝网绷紧在网框上，采用手工刻漆膜或涂感光胶等光化学制版法，使丝网印版

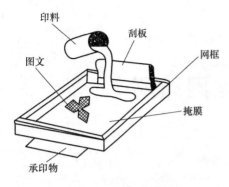

图 1-1-1   丝网印刷原理

上非图文部分的网孔堵死，图文部分可漏印着墨。印刷时将油墨倒在网框内，然后用橡胶或聚氨酯作的刮板在丝网版面上进行刮压运动，使油墨透过网孔漏在承印物上，形成所需的图文，如图 1-1-1 所示。

二、丝网印刷特点

我国应用丝网印刷最广泛的是电子工业、纺织印染行业及陶瓷贴花工业。近年来，包装装潢、广告、招贴标牌等也大量采用丝网印刷。与其他几种印刷方式相比，丝网印刷有以下几种特点：

① 凸、平、凹版印刷都是在印版的表面施墨，通过压力使油墨转移到承印物上；而丝网印刷是在印版的背面施墨，油墨从印版的开孔漏印到承印物上。这是丝网印刷与其他印刷方式最显著的区别。

② 版面柔软，印刷压力很小。网版的版材柔软，制成版后富有弹性，因此不仅可以在纸张、纺织品等柔软的承印物上印刷，而且还可以在不能承受太大压力的玻璃、陶瓷等承印物上印刷，以及在金属、硬质塑料等材料制成的板材或成型物上直接印刷。

③ 不受承印物大小和形状的限制。一般的印刷方法（凸、平、凹版印刷）只能在平面上印刷，而丝网印刷不仅能在平面上印刷，还能在软质、硬质、平面、曲面等特殊形状的物体上印刷，还可以印制小到仪表盘、电路板、首饰装饰品等，大到超大幅面广告画、垂帘、幕布等的印刷品。

④ 墨层厚，遮盖力强。在所有印刷方式中，丝网印刷的墨层厚度最大，因此图文的层次丰富、立体感强、有厚度及手感。

⑤ 适用各种类型油墨。无论是油性、水性、合成树脂型、粉体及各种涂料均可进行丝网印刷。网印适用油墨之广已经超出了通常油墨的定义范围。实际上，可以使用各种浆料、糊料、油漆、胶黏剂或粉末，因此有时又把网印的油墨通称为"印料"。由于丝网印刷的墨层厚，因此可以使用颜料颗粒粗的油墨，耐光颜料、荧光颜料等都可以作为丝印油墨的色料。

⑥ 图像还原性差。在印刷较细线条，如 0.1mm 以下时，很容易在线条边缘产生锯齿。在进行网目调图像印刷时，网点不均匀，只能做粗网线的印刷品，不适合做精细印刷品。印刷速度低，印版耐印力差，油墨干燥时间长。

三、丝网印刷应用

丝网印刷具有印版柔软、印压小、墨层厚、遮盖力强、立体感强、印刷方式灵活、不受承印物大小和形状的限制等特点，被称为除空气与水之外，都可印刷的"万能印刷"，其应用范围如图 1-1-2 所示。

网印的应用不仅仅局限于专业的网印加工，而且分布在各个工业部门，形成一种极其分散的、跨行业的、跨部门的特殊产业。它既属于印刷业，又不完全属于印刷业。所以目前世界各国对网印的隶属和分类尚无统一的规定。在欧美一些国家，把网印分为两大类，即所谓工业丝网印刷和美术丝网印刷。

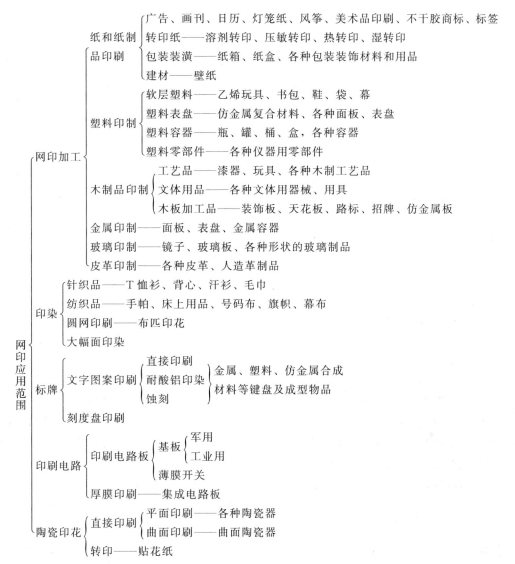

图 1-1-2　丝网印刷应用范围

在美术网印中包含有网印版画、油画、国画、工艺品、广告、画刊及美术品网印等。除美术网印以外，其他的网印均归属于工业网版印刷。在目前世界各国对网版印刷尚无统一分类的情况下，根据国内网印的实际应用情况暂且从专业来分，大致可以分为五类，即美术品网印加工、印染、标牌、印刷电路、陶瓷印花。从网印企业规模来说，目前压倒优势的仍是印染，包括纺织品印刷；其次是印刷电路，在电器、无线电、电子系统以及大型计算机和超小计算机都需要使用网印电路板，是非常庞大的企业。

知识二　丝网印刷分类

按印刷方式，丝网印刷可分为以下几类：

（1）平面丝网印刷　平面网印是用平面丝网印版在平面承印物上进行印刷的方法，使用的印刷机械为平面网印机，其特点是印刷台为平面，印版固定，通过刮墨板的移动来印刷，如图 1-1-3 所示。这种印刷方式是使用最多的方式。

（2）曲面网版印刷　曲面网印是使用平面的丝网印版，在曲面的承印物（如球面、圆柱面、圆锥面等）上印刷的方法。印刷时，刮墨板固定，印版沿水平方向移动，承印物随着印版发生转动，转动的线速度与印版的平移速度一致，在运动中实现印刷，如图 1-1-4 所示。

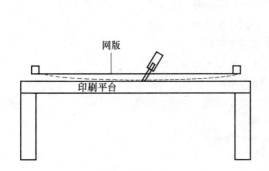

图 1-1-3　平面丝网印刷机印刷原理图

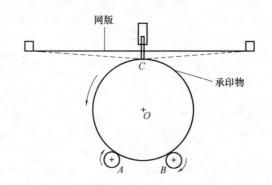

图 1-1-4　平网曲面丝网印刷机印刷原理图

（3）轮转网版印刷　轮转网印使用的印版是圆筒形的，圆筒内装有固定的刮墨刀，圆筒印版转动的线速度与承印物的移动速度同步，实现印刷过程。轮转网印方式与胶印、凹印等方式非常类似，是速度最快的网印方式。

（4）间接网版印刷　以上三种网版印刷方式都是直接印刷方式，由印版直接对承印物进行印刷，适合对一些规则形状的承印物进行印刷。对于外形复杂、带有棱角及凹陷面等异型物体的印刷则要使用间接丝网印刷方法。间接丝网印刷方法通常由两个印刷步骤组成，第一个步骤是将印刷图文网印到一个转印面上，然后再用一定的方法将转印面上的图文转移到承印物上，因此又称为转移印刷。

（5）静电网版印刷　静电网印是利用静电使油墨透过丝网印版转移到承印物表面的方法。静电网印是一种非接触式印刷法，印版为导电的金属丝网，接有正电极，下面有一个与印版平行的负电极，称为对抗电极板，承印物位于正负电极之间。印刷时，带正电的墨粉被对抗电极吸引，通过印版上图文区的网孔落到承印物上，实现印刷。

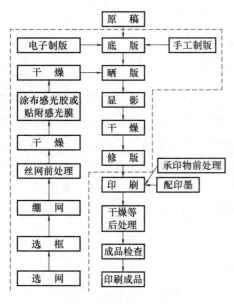

图 1-1-5　网版印刷的工艺过程

知识三　丝网印刷工艺流程

要顺利进行网版印刷作业涉及四个要素：刮墨板、油墨、承印物及印版。

印刷时，将印版固定在印刷台上，并把承印物定位压在印版下面，在印版上加上油墨，用刮墨板在一定压力作用下刮挤网版上的油墨，使油墨漏印到承印物上完成印刷过程，把承印物取下干燥即得到所要的印刷品，工艺流程如图 1-1-5 所示。

网版印刷作业的主要作业步骤：

① 印前准备。按工艺单准备好生产需要的各项材料和设备。

② 承印物。拆包装、除尘、除静电、整齐码放。

③ 油墨。墨色调整、印刷适性调整。

④ 网印机。网印机应按使用手册定期保养。

⑤ 印版安装初定位。

⑥ 网距设定。

⑦ 印件定位。

⑧ 对版。

⑨ 安装刮墨板。刮墨板长度确定、安装角度、行程、压印力调节。

⑩ 试印。调试至满意程度。

⑪ 正式印刷。

⑫ 印品干燥。

边学边练

任务一　认识网框

网框是支撑丝网用的框架，由金属、木材或其他材料制成，分为固定式和可调式两种。目前最常用的有木质固定式网框（如图 1-1-6）和中空铝固定式网框（如图 1-1-7）等。

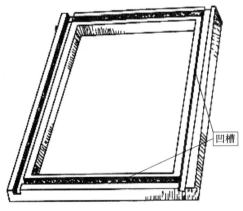

图 1-1-6　木质网框

凹槽

图 1-1-7　铝合金中空网框

任务二　认识丝网

丝网是丝网印刷的基础，作为丝网版胶膜层的支持体。印刷用的丝网要具有薄、强、有均匀的网孔和伸缩性小的特点，一般采用机织物作丝网。网印常用的丝网有绢（如图 1-1-8）、涤纶丝网（如图 1-1-9）、尼龙丝网（如图 1-1-10）及不锈钢丝网（如图 1-1-11）。

这 4 种丝网的制版适性和应用范围归纳于表 1-1-1，现已研制出镀金属聚酯网、含碳金属网、适于紫外线干燥型印墨的薄网及高精细目数网等。

图 1-1-8 绢

图 1-1-9 涤纶丝网

图 1-1-10 尼龙丝网

图 1-1-11 不锈钢丝网

表 1-1-1　　　　　　　　　　各种网材制版性能比较

网材	优　点	缺　点	应 用 范 围
绢	具有一定的吸湿性,与感光膜的结合力好	耐磨性差 耐化学腐蚀性差 耐气候性差 时间长了易发脆 价格高	目前较少应用
涤纶	伸缩性小 强度大 耐高温 价廉	耐磨性与感光液结合性、印墨通过性均不如尼龙	目前用量最大,因为耐高温,故可用于线路板产品
尼龙	印墨通过性好 回弹性好	伸缩性较大	用做大字体路标、广告等产品
不锈钢	拉伸度小 强度高 印墨通过性好 丝径细	价格高 伸张后不能复原	精细元件 电路板 集成电路

任务三　认识丝网印刷机

丝网印刷机是用丝网印版施印的机器,根据自动化程度可以分为:手动丝网印刷机、半自动丝网印刷机、自动丝网印刷机;根据承印物的类型可以分为:单张纸平面丝网印刷机、卷筒纸丝网印刷机、曲面丝网印刷机,如图 1-1-12～图 1-1-17 所示。

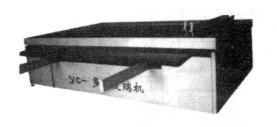

图 1-1-12　手动丝网印刷机

图 1-1-13　半自动丝网印刷机

图 1-1-14　自动丝网印刷机

图 1-1-15　单张纸平面丝网印刷机

图 1-1-16　卷筒纸平面丝网印刷机

图 1-1-17　曲面丝网印刷机

技能训练

任务四　简单的丝网印刷操作

认识丝网印刷相关设备、工具及材料。

观看单色丝网印刷工作流程。

在老师的指导下找一个单色网框，使用已经调好的油墨在铜版纸上进行简单的丝网印刷操作，如图 1-1-18 所示。

操作过程注意：

① 刮墨过程中，双手刮墨的力度要均匀。

② 保证印刷工作台的整洁。

图 1-1-18　手动单色丝网印刷

单色丝网印刷

项目描述

某客户想定制一批文化衫，客户提供统一的 T 恤，需要在 T 恤的胸前印制一幅关于保护生态，反对猎杀动物的图案，图案及颜色需要公司自行设计。要求文化衫印刷效果美观，图案部分手感柔软透气，洗涤不褪色。

项目分析

根据客户要求公司需要自行设计主题图案，经客户认可后需对印刷所需材料进行分析、确定。经与客户协商，选择纯棉 T 恤为印刷载体，为降低生产成本使用硫酸纸作为底片；木质网框；国产 200 目白色丝网；重氮感光胶；热固油墨进行手工丝网印刷。

知识目标

丝网印刷基本工艺流程；网框材料及选择；网纱材料及选择；感光胶材料及选择；粘网胶材料及选择；刮刀材料及选择；油墨材料及选择；绷网工艺方法（手工绷网）；感光胶种类；感光胶的使用要求；感光胶涂布工艺；晒版工艺及参数要求；油墨类型、组成；单色油墨的适性要求；单色丝印印刷基本工艺；丝印定位方法；丝印印刷故障及分析。

能力目标

了解客户印品质量要求并分析使用工具及材料；了解图案设计要求、设计方法；了解输出方式、具体要求；了解打样目的、方法；能操作手工绷网机完成简单绷网过程；懂选择感光胶、懂判断感光胶的质量；懂调配感光胶并能规范完成涂布过程；懂判断涂布后网版的涂布质量；能分析涂布过程存在的问题；能规范并完成单色版晒制；懂判断网版晒版布质量；能分析晒版过程的质量问题；懂得根据产品颜色要求调配油墨；懂得利用手印台完成 T 恤印刷过程；会分析并解决单色印刷常见问题。

任务一 单色丝网图形设计及底片制作 🔍

支撑知识

知识一 原稿的分类和特点

原稿是制版的依据，是印刷复制的对象和基础。原稿质量直接影响印刷品的质量，所以在印刷之前需要对原稿进行分析，判断其是否符合印刷的需要，以及需要进行的改进处理。丝网原稿与平、凸印等所用原稿无太大的差异，主要分为以下几类，如表 2-1-1 所示。随着计算机信息技术的不断发展，原稿更多的是以数字化的形式来体现。原稿按记录方式不同主要可分为数字原稿、模拟原稿、实物原稿。

表 2-1-1　　　　　　　　　　　　　　　原稿的分类

制版原稿	线条原稿	黑白	反射	刻字、扫图、活字印刷、照相排序
			透射	刻字、制图、蒙片、制图胶片
	连续调原稿	彩色	反射	彩色印件、彩色插图(手绘)
			透射	彩色胶片
		黑白	反射	黑白印件、喷笔绘图
			透射	黑白胶片
	网目调原稿	彩色		彩色印刷物
		黑白		黑白印刷物

本项目要求用 PS 或者 AI 来设计体现反猎杀主题的斑马图形。在进行设计之前设计人员需要分清图形和图像的区别，以及注意事项。

我们平时所说的"图"，在印前图文处理中包含了两种不同类型的对象：图形和图像。计算机对这两类对象的处理和描述方法是不一样的，相应有不同的计算机应用软件来完成对它们的处理，但当它们印刷出来后，看上去并没有本质的区别，因此很容易将它们混为一谈。作为印前制版人员，我们必须掌握它们的性质，分清它们的特点，在工作中才能够合理的使用。如果不理解它们的性质和特点，在工作中该使用图像的时候用图形来做，或者该用图形方法处理的时候使用图像，都会降低工作效率，影响印刷品的质量。

（1）图形　在计算机图形学领域，图形通常是由点、线、面、坐标系等几何元素和灰度、色彩等非几何属性组成，通过数学的方法描绘出所画的线段和图案，通常我们又称图形为矢量图或曲线图，如图 2-1-1 所示。图形有二维图形和三维立体图形之分，现代印刷使用的图形则局限于二维的平面图形，可以由计算机绘图软件，如 Illustrator、Corel-Draw、Freehand、AutoCAD 等软件。对于图形中只有黑白颜色，或者虽然有多种颜色，但没有颜色深浅的过渡和层次变化的图形称为线条图，如图 2-1-1 所示，有颜色渐变的图形称为复杂图形，如图 2-1-2 所示。

图 2-1-1　黑白线条图形

图 2-1-2　颜色渐变的图形

图形是通过计算机绘图软件得到的。由以上两幅图可以看出，图形适合制作线条图，图形中的颜色变化和层次变化不如照相法丰富，具有卡通画的效果。

（2）图像 图像可分为物理图像（也称模拟图像）和数字图像。物理图像是通过某种物质记录的光信息，例如照片和电影。在印前图文处理过程中，模拟图像一般作为原稿首先由扫描仪等数字化设备输入计算机，转变为数字图像。数字图像是由具有不同颜色属性的像素点排列组成的阵列，它用计算机中的数值（由 0 与 1 组成的数值）记录事物或场景的信息，例如用数字相机拍摄的照片、用扫描仪扫描得到的扫描图和以各种图像文件格式保存的图像文件等，图像文件可以是彩色的，也可以是单色的或黑白线条图。例如图 2-1-3（a）为有层次变化的单色图像，称为灰度图像；图 2-1-3（b）为只有黑和白两种层次，没有深浅变化的单色图，称为线条图。

(a)   (b)

图 2-1-3　灰度图和线条图
（a）灰度图像　（b）线条图

处理图像使用的软件称为图像处理软件，目前功能最强大、最流行的图像处理软件为 Adobe 公司的 Photoshop，使用它可以制作出各种各样非常复杂的图像。

单色丝网印刷对原稿的图形要求主要是线条清晰，无缺笔断画，粗细适当，放大后无锯齿、毛边，线条黑度较强或者反差大，高低调层次丰富，清晰度好等。

知识二　丝网底版的制作

一、丝网底版的制作方法

丝网底版的制作主要是手工制版法和感光制版法两种。手工制版是比较原始的制版方法，目前只有一部分中小型企业在使用或在一些艺术创作时可能会用到。手工制版主要包括描绘法、刻膜法两种。

感光制版法是利用感光胶（膜）的光化作用，即感光胶（膜）受光部分产生交联硬化并与丝网牢固结合在一起形成版膜，未感光部分的感光胶经水或其他显影液冲洗显影形成通孔而制成网印版。感光制版法是目前制作网印版最常用的方法。感光制版法又分为照相制版、打印输出制版和激光照排制版。

本次单色丝网印刷——印制 T 恤将采用感光制版法中的打印输出制版法制作底版。

对于输出精度要求不高的活件，可以使用激光打印机输出底片。打印机输出底片主要采用激光打印和喷墨打印，打印方式和普通打印类似，将底片输出在硫酸纸上直接进行晒版，也可以输出到普通打印纸上，然后对打印纸进行浸蜡处理，使其变得透亮；还可以用打印机输出打印机专用的透明胶片。在使用过程中，激光打印机输出胶片适合制作文字和单色线条活件，笔画和线条不应小于 0.5mm。很多企业为了克服激光打印在质量上的缺陷，也采用喷墨打印，喷墨打印一般使用喷墨用制版胶片，性能要求很高，所用的底片必须能高度吸墨且墨点不洇开，若选择防水型胶片打印，效果会更好。

二、丝网底版的制作流程

底版制作阶段包括原稿整理—原稿输入—图文处理—组版—校对—输出胶片等几项工作，目前这些工作大部分都在计算机上制作完成，手工制版仅限于部分非常简单的活件。这就要求操作人员必须有一定的计算机操作能力，对各种制版的应用软件要熟练掌握，能够熟练运用软件的各个功能，熟能生巧。

计算机直接出胶片的流程为：整稿与工艺设计—原稿的输入—图文处理及排版—输出胶片。

边学边练

T 恤图形设计及底片制作

用 AI 制作原稿文档，设计图形为矢量图，因为底片图文位置在曝光时需挡住紫外光，保护感光胶不被曝光，因此，在设计时无论印刷时印什么颜色，图形部位都要设计成纯黑色，而其他非图文区域设置成纯白色。对于需要晒制较细线条的底片要使用激光照排机输出胶片，使用打印机输出硫酸纸印纸不适合晒制细线条，因为纸的透光性不好，墨粉的黑度不够高，晒版时很容易晒丢细线条，通常线条宽度不应该低于1mm。本项目因对精度要求不高，所以使用硫酸纸进行打印。

设计好后用激光打印机打印硫酸纸，因为硫酸纸为半透明，所以一定要增加图文与非图文位置的相对反差。可以透射看样台上背光观察打印质量。一般可以通过两种方式进行图文区域加黑，一种是两张或多张纸图文位置相叠加，另一种为用毛笔蘸取适量增黑剂涂在图文位置表面，从而增加图文区域的黑度，如图 2-1-4 所示。

校对底片操作步骤：

① 将输出底片放置于洁净看版台玻璃台面上。

② 打开看版台内置灯。

③ 用标定直尺测量底片图文尺寸或测量版面规矩线距离。

制版底片的图文尺寸与印刷成品的尺寸相同，因此底片的输出尺寸要根据印刷尺寸而定。对于要求不高的印刷活件，可以直接测量活件中的图文尺寸，只要满足尺寸要求或在误差范围之内即可，比如在运动

图 2-1-4   硫酸纸打样效果图

服上印字的情况。对于尺寸要求高的活件，在制作底片要加入页面的裁切线等可以精确测量尺寸的标记。

④ 对于晒制一般的丝网版，要求底片为正阳图。

【注意事项】

测量底片尺寸最准确的方法是测量版面中的规矩线，如裁切线。因此在制作版面时应该尽量有裁切线。对于没有裁切线的简单底片要选择最有代表性和最容易测量的部位测量，如图片的边长、粗线条的长度等。

任务二　绷网

丝网绷网工艺是丝网印版制作的重要环节，网版的好坏直接影响印刷品的质量，而绷网工艺的选择则由所印的印刷品和印刷材料所决定，选择合适的丝网和网框材料也是印刷过程中必不可少的一个重要组成部分。本项目中选用网框为木质网框，丝网为白色国产网纱。

支撑知识

知识一　网框的分类和选用

一、网框的分类

网框是网版印刷所用网版的承载体，影响印刷质量的诸多环节中，首当其冲就是网版，而对网版质量起保证作用的便是网框。所以，网框对保证网版印刷质量、提高网版的耐印寿命起着相当重要的作用。框材可选用杉、松、桧等木材，还有中空的铝材、铸铝、钢铁等材料。作为网框的材料，应具有耐丝网张力的足够强度，还应具有耐热、耐蚀性和轻便、易操作等性质。

1. 金属网框

中空铝合金型材网框和铸铝成型网框，具有操作轻便、强度高、不易变形、不易生锈、便于加工、耐溶剂和耐水性强、美观等特点，适用于机械印刷及手工印刷。

丝印网框的尺寸主要根据印刷面积来确定，同时考虑：①刮板起止部位的需要。②积存油墨的需要。③保证图文部位张力均匀的需要。④印刷时网版刮板印刷行程中回弹的需要。

网框的尺寸越大，中空的铝框比木制框越轻，误差也越小，因此要求精度高的网框均用铝框。铝合金框的断面形状各种各样，最常见的有方管形、长方管形。网框一般由管状物焊接而成，目前国外常见的网框的断面形状如图2-2-1所示。

国内常用中空铝型材网框的断面形状为方形、长方形，壁厚有 1.5mm、2mm、2.5mm 三种。

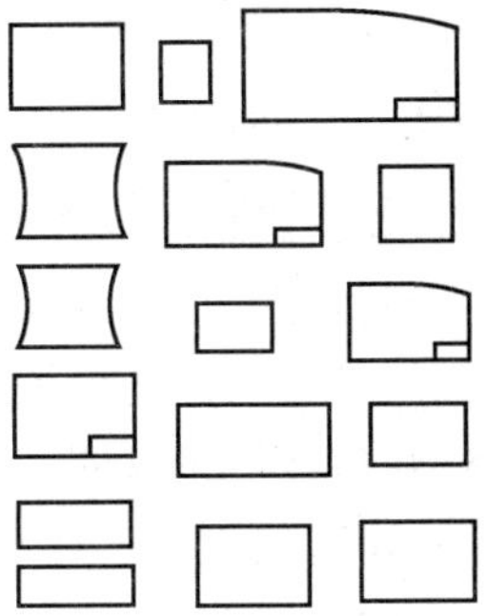

图 2-2-1　铝合金管的形状

采用中空铝型材制作的丝网框具有重量轻、尺寸稳定、美观、便于操作等特点。采用中空型材制作网框时，合理的断面形状能减小网框的变形。因为断面积相等但形状不同的断面，其惯性矩是不等的。

钢材网框具有牢固高、强度高、耐水性好、耐溶剂性能强等优点。但其笨重、操作不便，因此使用较少。

2. 木质网框

木质网框具有制作简单、重量轻、操作方便、价格低、绷网方法简单等特点，适用于手工印刷。但这种木制材料的网框耐溶剂、耐水性较差，水浸后容易变形，会影响印刷精度。

木框是用木材围成的方框，四角用榫或钉固定。在感光制版中需把网框浸在水中进行，木框易吸水产生变形，但木框的四角如装上 L 型的五金附件即可防止这种变形。这种网框在以前普遍使用，现在已逐渐减少了。木质网框一般为方形和长方形，四角的连接方式多种多样，如卯榫胶接（图 2-2-2）、45°斜角钉接（图 2-2-3）、直角靠背钉接（图 2-2-4）、双层条料钉接（图2-2-5）等。木制框有多种多样，有的木框没有沟槽，直接涂布黏合剂，进行绷网，有的网框带有沟槽（图 2-2-6），用楔木条固定丝网。还有的在木框内装有可调节的木条或金属条，它的厚度与框架一样，调整螺帽通过固定框突出在外面，只要收紧蝶形螺帽丝网即可拉紧（图 2-2-7）。

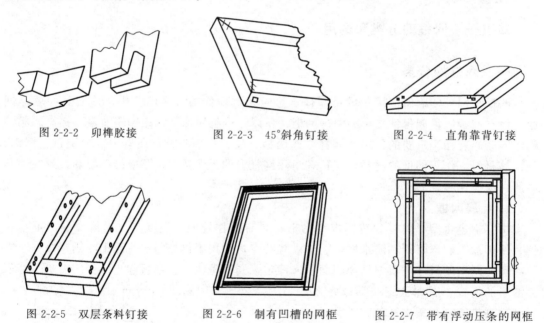

图 2-2-2　卯榫胶接　　　　　图 2-2-3　45°斜角钉接　　　　　图 2-2-4　直角靠背钉接

图 2-2-5　双层条料钉接　　　图 2-2-6　制有凹槽的网框　　　图 2-2-7　带有浮动压条的网框

3. 塑料网框

塑料网框目前尚处在开发之中，有热塑性塑料、强力涤纶及玻璃纤维等材质。

热塑性塑料框的框条采用复合材料，外管为塑料，内芯为木材。塑料具有热塑性能，可用热压法将丝网粘固其上；木芯则保证网框的强度。

4. 异型网框

上面谈的多是平面矩形框，其应用范围最广，可用于印刷各种平面承印物，包括可展开成平面的曲面体。但对于某些异形体（包括球体及椭圆体），则需要特殊形状的网框。如图 2-2-8 中承印物为易碎的玻璃制品，则需要承印物、网框及刮墨板三者的形状保持一致。此类网框考虑其绷网和经济上的原因，多采用木框。

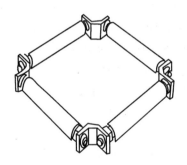

图 2-2-8　异形网框
1—刮墨板　2—丝网印版
3—网框　4—承印物

5. 组装式网框

这是以强力聚酯或玻璃纤维为框材的一种可自由组合的网框。两种材料的强度都很高；框角由结构特殊的角和连接，装拆十分简便，可由少量的框材组装出多种尺寸的网框。

6. 自绷式组合网框

这是一种带有绷网功能的网框，既是网框，也是绷网器。绷网时，不需要另外的绷网设施，同时还具有随时调节网版张力的功能。但结构较复杂，限于制作中、小幅面而要求又不高的印件的网版。主要有以下几种形式：

（1）卷轴式网框　由四根空心卷轴管组成，如图 2-2-9 所示，工作原理如图 2-2-10 所示，轴表面带有凹槽，凹槽中还嵌有软质压条。绷网时，用压条将丝网压入轴管的凹槽中，只要将轴管向外慢慢转动，便可绷紧丝网。各框角由专用的连接件将四根轴管连接起来形成网框，插入连接件的轴端，既有锁紧螺母，还有止退措施，以防止轴管反转而造成网面松弛。

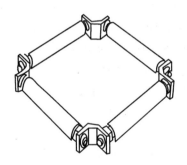

图 2-2-9　卷轴式自动绷网框

图 2-2-10　轴式自绷网框工作原理

（2）拉槽式网框　由带槽体框架和摆放在框槽中的拉网槽组成，如图 2-2-11 所示，绷网时，用压条将丝网压入拉网槽中，每边的拉网槽板各有一个或两个螺钉与主体框槽的外翼板连接，成对的收紧每边的拉紧螺钉，即可绷网丝网。

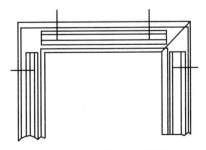

图 2-2-11　拉槽式自绷网框

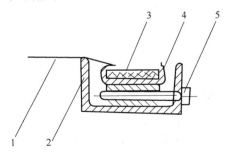

图 2-2-12　拉槽式自绷网框截面
1—丝网　2—主体槽框　3—压条　4—拉网槽板　5—拉紧螺钉

木制、不锈钢和高强铝合金三种常见网框材料的优缺点如表 2-2-1 所示。

表 2-2-1   网框优缺点

框材	优点	缺点	绷网方法	黏网胶	应用范围
木制	取材方便、制作容易、质量轻、价廉	耐水性差、框面易变形、稳定性差	手工绷网	聚乙烯醇缩丁醛胶等	小规模厂家手工操作
不锈钢	强度好、性能稳定	较重、价格贵	机械	502 黏合剂	印染部门大幅面网印
高强铝合金	稳定、耐用、轻便	成本高	机械	丁氰胶黏合剂	应用最广泛

二、网框选用的基本原则

（1）抗张力要强 作为网框的材料应具有能耐丝网张力的强度，因为在绷网时，丝网对网框产生一定的拉力，这就要求网框要有抗拉力的能力，若强度不够，框就会挠曲变形，就印不出好的印刷品。

通常要求网框的框面平整、四角稳定，框臂（条）挺直。但绷了丝网的网框，由于丝网张力的作用，以及丝网对框架的不对称连接，因而存在着三种力矩（图 2-2-13），即弯矩 B、角矩 C 及扭矩 T。其中弯矩使框条向版心弯曲；角距使对角靠拢，框角翘曲；扭矩令框条绕其网面中心转动，力图脱离丝网。这些力矩导致网框的变形，变形的大小取决于材料的性质和结构。

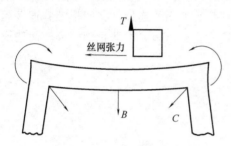

图 2-2-13 丝网张力对网框
的作用力（局部）

（2）应作预应力处理 绷网后因网框的弯曲变形会对丝网的张力稳定性产生影响，为减小这种影响，可对网框做预应力处理。处理的方法有两种：一是根据拱形结构的强度原理，将网框制作成图 2-2-14（a）那样的凸形，其挠度约为 4mm/m，每个内角略大于 90°；或者将已制成的金属框，用特殊工具拉伸成此形，此种预变形处理能抵抗丝网拉力的影响。另一种方法是在做气动拉网的同时做预应处理，即拉网器的前端紧顶着框架四周外侧，多框受到顶力的作用而弯曲，如图 2-2-14（b）所示，而当固网时，网框受力面虽由外侧移到上面，但受力方向和大小基本一致，因此不再增加弯曲。由于这些优点，气动绷网机成为目前国内外最为流行的一种绷网设备。

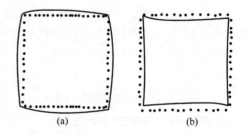

图 2-2-14 网框的预应力处理

（3）坚固耐用 网框在使用中要经常与水、溶剂接触，并受温度变化的影响。在受到这些外界因素影响时，要求网框坚固耐用，不发生歪斜等现象，保证网框的重复使用，以减少浪费，降低成本。

（4）操作轻便 在保证强度的条件下，网框尽量选择重量轻的，便于操作和使用。

（5）粘合性好 网框与丝网粘接面要有一定的粗糙度，以加强丝网和网框的粘接力。

（6）尺寸合适　生产中要配置不同规格的网框，使用时根据印刷尺寸的大小确定合适的网框，可以减少浪费，而且便于操作。

网框内尺寸应比印版图文部分大些，这样不仅印刷比较容易，印刷品的尺寸也准确，油墨透过量的准确度也会提高。例如，印版图案的尺寸是 a×b 时，框的内尺寸为 2a×2b 时即可充分印刷。

网框尺寸的选择依据主要是印刷面积，同时要考虑的因素是：印刷时刮墨板、回墨板起止部位的需要；版上积存油墨的需要；保证印版膜部位的丝网张力均匀的需要；丝网印版在刮墨板印刷行程中回弹的需要。

通常印刷中使用的网框，以框面 1m² 的居多，大于 1m² 的称为大型网框。大型网框一般以木材制作，但其承受的张力往往不够理想，且易吸水变形，故现在已开始被铝合金所替代。为解决以较小截面积型材制作大型网框强度不够的问题，现在市场上已出现加筋铝合金型材。这种型材用于制作大型网框具有轻便、强度高、不变形等优点。

知识二　丝网的选用

丝网是用作丝网印版支持的编织物，俗称网纱、筛网等。在网版印刷中，把丝网以一定的张力，平整地绷紧在网框上，作为印版胶膜的支持体，也就是由丝网的经纬丝连接胶膜图像，使之固定于同一平面，从而不会使封闭环形的图纹散落，以印出符合原稿的印刷品。

一、网印制版用丝网基本条件

用作网印版的丝网必须具备薄、强、有均匀网孔、伸缩性小等特点。一般采用机织物作为丝网，如图 2-2-15（a）所示。编织物是线圈套线圈编织而成的，伸缩性大，如图 2-2-15（b）所示；无纺织物纤维是混乱交叉压制而成，如图 2-2-15（c）所示，无法作丝网版用。

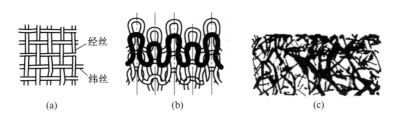

图 2-2-15　织物品种
（a）机织物　（b）编织物　（c）无纺织物

丝网的丝一般有单股（如不锈钢丝网）、双股和多股（如蚕丝网）等结构形式。单股丝网表面光洁，具有优良的油墨通过性，但价格较贵，如图 2-2-16（a）所示。多股丝网比较柔软，由于丝径较大，对丝网厚薄影响较大，而且油墨的通过性相比之下就较差，强度也较低，如图 2-2-16（b）所示。在制造丝网时，通常是使用单股丝印进行编织，也有采用单股和多股两种丝混合编织而成的，这种丝网厚度比多股丝网薄，通常价格也比多股丝网低，在印染行业广泛使用。

织造丝网的方法还有平纹织、斜纹织、拧织等，如图 2-2-17 所示。一般采用平纹织，其他种类织法多用于特殊用途。350目/英寸以上的丝网一般采用斜纹织。在印精度较低、墨层厚的图文时，一般采用拧织的低目数绢网或尼龙网，这样织造的网丝不易发生移动变形。

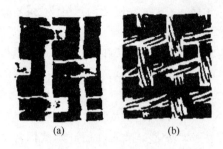

图 2-2-16　丝网的丝
（a）单根纤维的长丝　（b）多股纤维纺成的丝

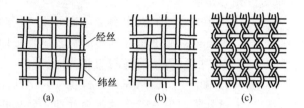

经丝

纬丝

图 2-2-17　织造丝网种类
（a）平纹织　（b）斜纹织　（c）拧织

二、丝网的术语

（1）丝网目数　丝网目数是指每平方厘米丝网所具有的网孔数目。丝网产品规格中用以表达目数的单位是孔/cm 或线/cm。使用英制计量单位的国家和地区，以目/in 或 LPI 来表达丝网目数。目数一般可以说明丝网的丝与丝之间的密疏程度。目数越高丝网越密，网孔越小；反之，目数越低丝网越稀疏，网孔越大，如 150 目/in，即 1in 内有 150 根网丝。网孔越小，油墨通过性越差，网孔越大，油墨通过性就越好。在选用丝网时可以根据承印物的精度要求，选择不同目数的丝网。

（2）丝网厚度　丝网厚度是指丝网表面与底面之间的距离，一般以毫米（mm）或微米（μm）计量。厚度应是丝网在无张力状态下静置时的测定值。厚度由构成丝网的丝的直径决定，丝网过墨量与厚度有关，如图 2-2-18 所示。

丝网的厚度

图 2-2-18　丝网的厚度

（3）丝网的开度　丝网的开度实际表示的是丝网经、纬两线围成的网孔面积的平方根（通常以微米为单位，1μm＝1/1000mm）。如果丝网网孔为正方形，则开度即为网孔的边长。

（4）网孔面积率（丝网开口率）　网孔面积率是指单位内网孔面积所占百分比，也就是可通过印刷面积率。

（5）丝网的过墨量　丝网的过墨量是如图 2-2-19 所示假设的一个透过体积。通过计算，可大概知道油墨通过的容量。一般 1kg 油墨能印 60～70m² 承印物面积，墨层厚度一般为 1/3（丝网厚度＋胶膜厚度）。在实际动作中，可以参考这些数据，对印刷进行控制。因为实际过墨量还受丝网的材质、性能、规格、油墨的黏度、颜料及其他成分，承印物的种类，刮板的硬度、压力、速度，以及版与承印物的间隙等多种条件影响。

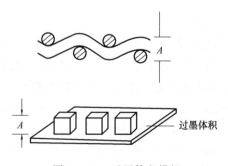

A

A

过墨体积

图 2-2-19　过墨体积模拟

（6）丝网的解像力　解像力是指某种丝网能够复制线条和网点印刷品的细微层次程度。它主要由丝网目数、网丝直径与丝网开孔等因素决定。

（7）丝网的颜色　用白色丝网制成的丝网印版，在丝网印刷制版工序曝光时，经常产生光晕现象，不必要的反射光会造成曝光缺陷。

这种现象的原因来自作为丝网材料的线的漫反射（图 2-2-20），因此只要避免引起漫反射，吸收漫反射光即可，所以一般使用带色的丝网（图 2-2-21）。

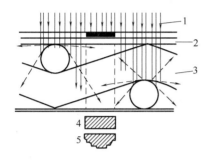

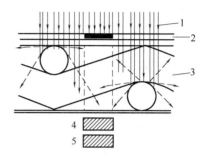

图 2-2-20　丝网丝的漫反射现象　　　　　　图 2-2-21　着色丝网表面光线被吸收
1—曝光光线　2—阳图底版　3—白色　　　　1—曝光光线　2—阳图底版　3—染色
丝网　4—阳图　5—版膜孔形断面　　　　　丝网　4—阳图　5—版膜孔形断面

曝光一般采用紫外光源，但也混有可见光，因此，染色丝网的色调以淡色为好，深色则要延长曝光时间。常用的有色丝网的颜色有黄色、红色及琥珀色，其中黄色最常见。

三、选网主要原则

（1）根据承印物的类型　承印物表面粗糙，吸墨性较强，一般使用较低目数的丝网，例如：皮革、帆布、发泡体的薄片、木材等。

（2）根据印刷品的精细要求　一般情况下，精细线条、图像分辨率要求较高的产品，应选用目数较高、品质较好的丝网；相反则可选择目数较低、品质一般的丝网。

（3）根据油墨的特性　油墨颜料颗粒的大小对油墨的过网性有较大影响，所以油墨较粗时（如荧光墨、发泡墨等功能性油墨），应选用较低目数的丝网；又如油墨黏度较大时，油墨的过网就会受到一定的影响，也应选用目数较低的丝网。

（4）考虑丝网成本　在满足印刷要求的前提下，尽量选用价格较低的丝网，例如线条、文字稿印刷，没有必要选用橙色丝网。

知识三　直绷网和斜绷网

绷网按角度也可分为直绷网（也称正绷网）和斜绷网，如图 2-2-22 所示。为了使印刷线条的边缘平直、光滑，不产生锯齿，同时避免制版过程中产生龟纹（网丝与网点产生的干扰纹），绷网时，丝网的经纬线与网框相应的边要呈一定的角度，这种方法称为斜绷网。绷网的角度有多种，一般角度为 15°、22.5°、45°、7.5°、30° 等。这几种绷网角度中，22.5° 所得线条的边缘有较好的平直度和光滑度。90° 绷网为直绷网，所得线条边缘质量最差。

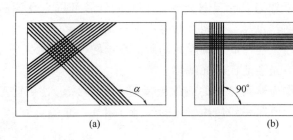

图 2-2-22 斜绷网和直绷网

知识四 绷网材料的印刷要求

丝网张力是影响丝印质量的重要因素之一。影响丝网张力的因素有许多，如网框的材料、强度以及丝网的温湿度及绷网方法等。丝网的张力并非越大越好，张力过大，超出材料的弹性限度，丝网会丧失回弹力，变脆甚至撕裂；张力不足，丝网松软，缺乏回弹力，容易伸长变形，甚至发生卷网，严重影响印刷精度和质量。一般在手工绷网和没有张力仪的情况下，张力确定主要凭经验而定。绷网时一边将丝网拉伸，一边用手指弹压丝网，一般用手指压丝网，感觉到丝网有一定弹性就可以了。

同时，丝网的张力要保持均匀。要求丝网张力均匀度的最终目的是保证丝网拉伸的均匀性，以保证印版图像的相对稳定性，防止印版图像在印刷时发生形变，如图 2-2-23 所示。

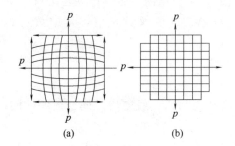

图 2-2-23 张力均匀图

丝网的每根网丝只有具有均匀和一致的性能，才能保证丝网在均匀的张力作用下产生均匀的变形。值得注意的是，为了使图文部分张力均匀，必须使绷网夹短于丝网的边长，这样在四角上就会形成弱力区，防止受到的力不均匀而产生断裂。还要注意绷好的丝网张力发生变化，防止网版松弛。

除了丝网之外，网框的选取也很重要，要检查网框的设计、品种是否符合使用要求，表面有无伤痕，黏合状态是否良好。特别是平常经常使用的铝制网框，要注意区别强度的大小。丝网固定到网框时，检查网框的歪斜情况，特别是多次使用的网框，要仔细检查表面有无残缺。还要保证网框的坚固耐用、操作轻便、黏合性好及尺寸合适等特点。

同时，要保证网框的抗张力要强，强度不够就会挠曲，发生变形，为了减小网框弯曲变形对丝网张力稳定性产生影响，可以对网框做预应力处理。

技能训练

任务 1 选择合适的丝网绷网材料

根据以下情况选择合适参数的丝网和网框：

（1）印刷底片为单色线条稿和少量面积的实地块，没有网目调图案。

（2）印刷材料为 $128g/m^2$ 胶版纸和上海漫彩丝印油墨。

（3）绷网方式为气动式绷网。

（4）印刷方式为半自动单张纸印刷机印刷。

任务 2　手工绷网

以压条式手工绷网为例，其操作步骤如下：

（1）裁切丝网　将丝网裁切成比网框的四边各大 20～30mm 的尺寸。

（2）湿润丝网　用水打湿丝网。

（3）放置丝网　将丝网的经纬线与框边平行地放在框上。

（4）按顺序打入嵌木条，如图 2-2-24 所示。操作者站在 E 的位置上，将嵌木条的一端打入 A 点的沟槽中，使丝网向 B 的方向张紧；再打入 EB 嵌木条，将 AB 边固定。操作者站在 G 的位置上，在 C 点打入嵌木条并固定，一边将丝网向箭头方向拉紧，再打入 GD 嵌木条，将 CD 边固定。站 F 位固定 BC 边。站 H 位固定 DA 边。

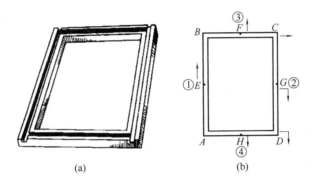

图 2-2-24　压条式手工绷网

（a）制有凹槽的网框　（b）打入嵌木条的顺序（箭头代表丝网拉紧的方向）

任务三　感光胶涂布

支撑知识

知识一　常见的感光材料的基本组成

感光胶或膜一般以明胶、聚乙烯醇（PVA）、尼龙等作为基体，采用重铬酸盐和重氮盐为光敏剂。由于重铬酸盐含有 6 价铬离子，对人体有毒害，易造成公害，同时还具有暗反应快，只能随配随用（一般为两天之内）的缺点，现在已开始被新型重氮盐感光胶剂（膜）所代替。重氮盐系感光材料解像力高，制版图像清晰，光敏剂混入乳胶中可长期使用（室温下 23 个月且无毒、无污染，因此有很好的推广和使用价值）。

丝印感光胶的主要成分是成膜剂、感光剂、助剂。

（1）成膜剂　成膜剂起成膜作用，在丝网上形成一层薄膜将感光材料附在网版上，并且能将网孔封住，是版膜的主要成分。它决定着版膜的粘网性（如耐水性、耐溶剂性、耐印性、耐老化性等）。丝印感光胶常用的成膜剂有：水溶性高分子物质，如明胶、蛋白及PVA（聚乙烯醇）等。早期的感光胶都用这类单一成膜剂，但制作的版膜，其耐抗性较差，后来都用 PVA 改性胶体。

（2）感光剂　感光剂是在蓝紫光照射下，能起光化学反应，且能导致成膜剂聚合或交联的化合物。感光剂决定着感光胶的分光感度、分辨率及清晰度等性能，是对感光胶性能和制版工艺影响最大的成分。目前使用最多的是重氮感光乳剂，重氮感光剂的版膜存放时间较长，而且在生态方面无害。

（3）助剂　成膜剂和感光剂是感光胶配方的主体成分，但有时为调节主体成分性能的不足，尚需另加一些辅助剂，如分散剂、着色剂、增感剂、增塑剂、稳定剂等。

知识二　感光胶的涂布工艺

在丝网制版的方法中，感光制版法是现代丝网印刷中最主要的制版方法，不仅质量高，效果好，而且经济实用，成本低廉。感光制版法分为直接法、间接法和直间法，从本质上讲，三种制版方法的技术要求是一样的，只是涂布感光胶和贴膜的工艺方法不同。本节主要介绍直接感光制版法制作丝网版。

1. 丝网前处理

为防止由于污物、灰尘、油脂等带来的感光膜的缩孔、砂眼、图像断线等现象，在进行感光液的涂布之前有必要使用洗净剂进行充分洗网。此时所用的洗净剂一般采用家庭用的中性或弱碱性洗衣粉即可，但市场出售的丝网洗净剂，常用的如 20% 的苛性钠水溶液，其脱脂效果好，能改善感光液对丝网的湿润性，可以十分均匀地涂布胶膜，因此使用这种丝网洗净剂效果很好。洗净作业从手工操作到使用自动洗净机（最常用的是喷枪，也有超声波洗净），方式是多种多样的。无论何种方法，都要经过洗净液脱脂洗净、水洗、脱水、干燥等工序。

其他的前处理，还有用物理方法在丝网表面摩擦进行粗化的作业，以改善丝网对感光膜的黏着性能。另外，为防止丝网表面由于光的漫反射而引起图像的再现性降低，有时还在丝网表面用黄、红、橙等染料进行染色。现在为了防止光的漫反射，一般都选用已进行了工业染色的有色丝网。

2. 感光液的调制

直接制版用的感光胶有多种。其感光的时间、感光液的配方、解像力、耐溶剂性、耐水性均不同，应根据不同使用情况，合理选择使用。

重氮感光剂是国内较普遍使用的一种，是在聚乙烯醇与少量的醋酸乙烯酯乳剂中加入若干助剂制成的。在使用时，应依照各乳剂的要求把含有一定浓度的重氮盐水溶液加入乳剂中，使其具有感光性能。乳剂中加入重氮盐感光剂后，应该充分混合、搅拌，在冷暗的地方放置 8h 之后才能使用。因为刚刚混合的乳剂气泡多，混合不充分，如果马上使用，版膜易产生针孔，达不到规定的感光度。保存时要在冷暗处，最理想的是放在冰箱内保存。

保存时要放在阴暗避光的环境中，避免光的照射以及温度升高。由于感光材料的主要成分肯定对某一波长的光比较敏感，尽管感光范围可能在紫外线附近，但是在日光和灯光中总包含一定量的紫外线，长期照射可见光也会导致感光材料的失效。

对于使用后剩余的感光材料，要保证封闭包装良好，因为一般的包装都具有防光照和防氧化的功能，有利于感光材料的长期有效保存。

重氮感光胶配制好后，在 20℃ 下避光保存，能存放 2 个月，若在冰箱保鲜部存放，能保存半年不会变质。

重氮感光剂调制过程的注意事项如下：①水的用量要根据涂布用胶体黏度要求而定；②一定将光敏剂粉末全部溶解后再倒入胶体；③搅拌时按顺时针方向，以免产生气泡。

3. 涂布感光胶

涂布感光胶是直接制版法的造膜工序，图像载体的胶膜质量，取决于感光胶的质量和正确的操作方法。涂布方式有手工涂布和机械涂布两种，国内大多数网版都采用手工涂布法。只有极少数大厂才有自动涂布机，由机械操作。将来手工终将被机械取代，尤其是大幅面的丝网版。手工涂布的工具，有一套像簸箕似的刮斗，由不锈钢材料制作，它的长度一般为 10～60cm（如图 2-3-1 所示），约 5～6 个，以适应不同幅面的丝网版。胶斗的唇边，是胶斗的关键部位，务必平直光滑，在涂胶过程中，既

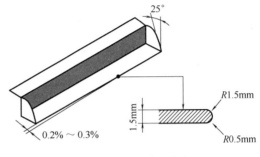

图 2-3-1 手工刮胶斗

与网面接触，沿网面滑移，又保证涂敷的胶层厚薄均匀，整个幅面一致。

刮斗涂布的顺序如图 2-3-2 所示：

①把绷好网的网框以 80°～90° 的倾斜竖放，往斗中倒入容量为六七成的感光液，把斗前端压到网上；②把放好的斗的前端倾斜，使液面接触丝网；③保证倾角不变的同时进行涂布，涂布速度不可过快，否则容易出现气泡，从而造成针孔；④ 涂布到距网框边 1～2cm 时，让刮斗的倾角恢复到接近水平，涂布至要求的厚度后再把网框上下倒过来重新涂一遍，然后干燥，烘版机如图 2-3-3 所示；⑤ 第一次干燥应充分，若用热风干燥，应掌握适当温度。干燥后，再按同样的要领涂布 2～3 次，直至出现光泽。刮斗接触网压力的大小依涂布速度不同而不同，如果把刮斗往返一次算作一个行程，一次涂布感光膜的厚度在完全干燥状态下为 1.2～1.6μm，因而 7～8 个行程后可以得到 10μm 的膜厚。

为了在直接法制版中均匀地把感光乳剂涂布在网上，发明了感光胶涂布机。感光胶涂布机有三种：涂布斗移动型、版框移动型及水平移动型。感光胶涂布机还有单面涂布和双面涂布两种机型。

控制感光膜的厚度与绷网一样同属重要因素。膜厚影响制版时的曝光条件及解像力、印刷时的再现性、墨膜厚度等。特别是在紫外线硬化油墨印刷中，控制墨膜的厚度对提高生产效率及产品质量起重要作用。

膜厚仪与测定纸厚的工业标准厚度计相同。一种是夹住被测物，直接测定其厚度的机械式膜厚仪；还有一种在铁盘上放置被测物，通过传感器把厚度转换成电流值表示的电磁式膜厚仪。

厚度计主要测量网纱、网版及膜层的厚度，单位以微米计算。

4. 感光膜的干燥

涂布和干燥感光膜在黄灯下进行工作最安全。如前所述，使用热风干燥感光膜，最重

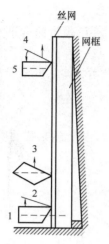

图 2-3-2　刮斗涂布的顺序

图 2-3-3　抽屉式烘版机

要的是要注意温度合适。

感光乳剂在液体阶段感光度低，感光度随着涂布膜的干燥而上升，完全干燥后才能达到规定的感光度，所以晒版前应充分干燥，并且要做到在干燥后短时间内完成晒版。

干燥时如果膜面落上灰尘，也会产生针孔，所以膜面干燥的操作时间内，必须注意环境的洁净，不要有灰尘。

技能训练

任务 1　重氮感光胶的配制

本项目使用重氮感光胶进行涂布，首先需调制感光胶。

重氮感光胶是目前国内较普遍使用的一种感光胶，经常使用的是双液型感光胶，在使用前要将它们均匀地混合在一起。典型的配方比例为：成膜剂 1000g，重氮感光剂 8～10g，水 50～100mL。

在避光（无阳光直射）处将成膜剂和感光剂的瓶盖打开，校验重量，并检查其质量（如过期的成膜剂将呈冻状或水胶分离的现象；感光剂过期则呈块状，颜色发黑，而正常颜色是黄绿色、粉状等）。

具体步骤如下：

（1）先在 50～100mL 纯净水中倒入重氮感光剂 8～10g，用玻璃棒搅拌使光敏剂充分溶解成液体，搅拌均匀，如图 2-3-4 所示。

（2）倒入 1000g 成膜剂，胶体充分混合搅拌均匀，消泡 30～60min，在阴凉弱光的地方静置 2～4h 后就可使用，如图 2-3-5 所示。

任务 2　重氮感光胶的涂布

调制好感光胶后进行直接式涂布，手工涂布的顺序为：

（1）把绷好网的网框以 70°～90°的倾角竖放，向刮斗中倒入容量六七成的感光胶，不要倒入过多，以免浪费，然后把刮斗前端水平靠近并用一定的力度压在丝网上。

图 2-3-4　感光胶的配制

图 2-3-5　感光胶的放置

（2）把水平放置的刮斗前端倾斜，使斗内部的胶液接触丝网，如图 2-3-6 所示。保持刮斗倾斜角度不变的同时，上下进行匀速移动涂布，涂布的速度要保持匀速的同时，不能移动太快，否则容易在网版表面产生气泡，发生针孔故障。

当涂布到距网框边 1～2cm 时，刮斗的倾角恢复接触网版时的状态，即刮斗恢复接近水平，以便网版上多余的胶液回收到刮斗中。

按照同样的涂布方式重复 2～3 次，同时翻转丝网，对丝网另外的表面进行同样的涂布，直至出现光泽。

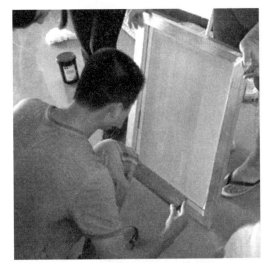

图 2-3-6　感光胶的手工涂布

（3）将网版倒置（丝网在上，网框在下）水平放置于干燥箱中。使用完毕，要将胶槽中剩余的胶液清理干净，或者回收下次继续使用，以免对刮斗造成腐蚀，也避免因长时间不用而在刮斗中失效或残留胶液于胶槽中。

（4）打开干燥箱开关，用 40～45℃温度进行干燥。

（5）等待 15～30min 后，打开干燥箱，取出烘干好的丝网网版。

任务四　晒版　🔍

支撑知识

丝网晒版环节包括曝光、冲洗显影、干燥和修版等几个步骤。本任务主要介绍晒版设备和晒版工艺。

知识一　晒版设备

晒版设备是将底片上的图文通过曝光的方法转移到印版上去的装置，最主要的设备是晒版机，此外还有冲洗显影设备和干燥设备。

一、晒版机

晒版机是丝印感光材料的主要晒版设备。由玻璃晒框、底架、真空泵、灯具等部件组成。它和普通印刷厂晒版机的不同点是大玻璃框在下方，橡皮框在上方，灯管一般放在下面。

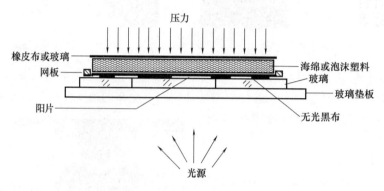

图 2-4-1　丝印晒版装置

1. 简易晒版箱（架）

自制简易晒版架，制作一个三角铁架，配上较厚的（5mm以上）白玻璃，四周垫以橡皮条，保护玻璃四边不被三角铁架挤裂，底部装上日光灯管7～10支不等。晒丝网版时先把底版放到白玻璃上，将已涂感光层的丝网版置于底版上，在网框内铺满泡沫塑料块或干海绵，再加放平板于框内，平板上再压些重物，起动光源进行曝光晒版，如图2-4-1所示。

2. 真空晒版机

晒制由精细线条或网点组成的印版时，必须使用带有真空抽气装置和经过选择专用的光源组成的丝网版晒版机。

丝网版晒版机有两种形式：一种是卧式晒版机，一种是立式晒版机。这两种晒版机，结构紧凑，玻璃晒框、真空泵操作方便，适合中小型丝网版的晒制。

全自动箱型晒版机，如图2-4-2所示，晒版灯、晒版架连成一体，节省地方。抽气部分是利用坚韧而有弹性的双面胶布、特大四面吸管，使抽气在20s内完成。晒

图 2-4-2　全自动箱式晒版机

版架以气压支撑，采用风冷系统降温。内部荧光灯管可作透射看样台使用，通过调节按钮来控制紫外灯曝光时间。

二、显影冲洗设备

显影冲洗设备主要有冲水枪和专用的显影机。

显影是将未曝光部分（图文部分）的感光胶冲洗掉，形成能够透过油墨的图文区。显影时，先将曝过光的印版在温水中浸泡 1～2min，浸泡时要不停地晃动网版，待水将未曝光的感光胶泡胀后，即可用水冲洗显影。显影可用冲网水枪或高压水枪，如图 2-4-3 所示，也有专用的丝网版冲版显影机，如图 2-4-4 和图 2-4-5 所示。显影机由不锈钢制作，安装有高压水泵，背面有照明灯，以便观察显影的效果。

(a)　　　　　　　　　　　　　　　(b)

图 2-4-3　冲网用水枪的样式

（a）冲网水枪　（b）高压水枪

图 2-4-4　冲版显影机

图 2-4-5　冲版显影机的水槽和水枪

显影要在尽可能短的时间内完成，而且必须将未感光部分的感光胶完全冲洗掉。对于细小图案还要用 8～10 倍放大镜检查，查看细微部分是否全部透空。显影完成后就可以将印版烘干，干燥温度控制在 40～50℃。

三、干燥设备

显影冲洗后的印版应该放在无尘的干燥箱内，用暖风吹干。丝网版烘干箱是制版专用设备，在对丝网清洗和涂布感光胶以后，也需要用烘干箱进行烘干。

丝网烘干箱分为立式和卧式两种。烘干箱一般配有自动恒温和定时装置。立式烘干箱的优点是占地面积小，适用于面积较大而精度要求不是很高的印版。卧式烘干箱占地面积大，适用于面积较小而精度要求较高的印版。两种烘干箱又都可分为多排式和多层式，用来同时烘干多块网版。图2-4-6为卧式多层烘干机的外形，每层抽屉可以烘烤一块版，下面的旋钮是温度和时间的控制钮。

图2-4-6　丝网烘干箱

烘干时应该注意先将网版上的水用专用真空吸水器及海绵吸干，或用吹风机大致吹干，避免烘干时过多的水分在丝网表面流下而产生余胶，影响线条边缘的清晰度。

知识二　晒版工艺

丝网晒版的工艺流程为：曝光—显影—干燥—修版。

一、曝光

曝光最重要的环节是使丝网版与原版紧密贴附，丝网版和原版接触不实，晒出的图形必然发虚，严重时会报废。所以，带有真空吸附装置的晒版机是用户的最佳选择。

网版制版用的真空晒版机，一面是安装玻璃板的框，另一面是安装了橡皮布的框，两者用特殊的铰链连结起来，其一端有将两个框固定在一起的把手。橡皮布的四周镶有高度为10～15mm、宽度为20～30mm的橡胶带，用把手组合固定两个框时，这个橡胶带的顶点密合在玻璃板上，挡住外面进来的空气，内部的空气用真空泵抽出后，网版感光胶膜就可以与阳图底片完全密合。

晒版时首先把涂布了乳剂的丝网版同阳图底版一起放在玻璃板上，上面罩上橡皮布，紧固两个框，用真空泵把内部的空气抽出，使之密合；晒版时把玻璃面垂直横向光源，以一定距离曝光是采用最多的方法。另外，还有光源有从上方照射的吊灯型、玻璃面朝下从下方照射的光源上射型、光源沿玻璃面移动的扫描型等。

操作步骤为：把膜版印刷面朝上放在制版平台上，把制版底片正面朝下平放在膜版的中央位置上，采用三点定位法（靠边定位法）定位，在底片长边选两个定位点，短边选一个定位点，和相应的网框边缘距离测量定位。底片的四边要留出一定空间，刮墨方向上方要留出10～15cm覆墨位置，下边也要留出10～15cm的覆墨位置，两边各留出7～10cm

以上的宽度。大框晒小图，图像边缘不能太靠近网框，因为网版边缘部分丝网的回弹力小，受到网框影响，透墨性差，影响印刷质量。确定定位尺寸后，固定底片。用长 1cm 的透明胶带，把底片定在晒版的定位位置上。

正确的曝光时间取决于感光乳剂、膜片、丝网、总厚度、光源等特点以及曝光灯与要网版之间的距离。曝光不足的膜版始终不会硬化，在显影过程中，刮墨面上的感光乳液被洗掉。感光乳剂层粗糙、模糊不清是曝光不足的确切标志。冲洗不充分，一些溶解的感光乳剂黏在膜版的通孔区域，在干燥之后，留下仅仅能看得见的碎渣，它们在印刷中会妨碍油墨流动。曝光不足的膜版耐溶剂和耐印刷油墨以及抗机械磨损的性能很差，这样的膜版以后也很难回收（如图 2-4-7）。曝光过多的膜版会损害解像度，这一点在使用白色丝网时特别明显。在曝光中，白色

图 2-4-7　膜版曝光状况
（a）曝光不足　（b）曝光正确

网布内未染色的丝线会反射光，这会很快造成图像侧壁腐蚀的问题。

实践证明：在制版中，感光膜的硬化程度与曝光量成正比。只要曝光时间适当，成像性能好，黏网力就强。因此，在制版过程中，必须严格控制曝光时间；否则，黏网不良，耐印力下降。

二、显影

在晒版完成之后，就需要对网版进行显影。丝网制版过程中，由于感光液的种类不同，应选用不同的显影液。大部分情况下可以把清水作为显影液进行显影；对于聚合度高的乙烯醇乳剂膜和耐溶剂性的乳剂膜，需要用温水显影；对于尼龙感光膜则经常使用工业酒精来显影。除此之外，丝网的显影方式除了使用显影机，还可以通过手工进行显影。

三、干燥

显影冲洗后的印版应该放在丝网烘干箱内，用暖风吹干。烘干温度一般控制在 40℃±5℃。

四、修版

修版是指通过修整版面以弥补版面的缺陷，改善色调，以及对局部图像进行加工。对于丝网印刷来说，显影后的网版还存在不需要的开孔部分，封闭开孔部分的过程称为封网。封孔是对图形或图像部分以外的漏空网孔进行封闭

封孔材料必须采用不受印料溶解、溶胀及破坏图层的封孔液。有专用封网胶和旧感光胶封孔。使用的封网材料要符合与图形膜层相同的耐溶剂性、耐磨性等要求。封网方法，可用刮斗或毛笔（毛刷），蘸上封网液，在网版的漏空部位涂刷封孔。

修版完成后去除印版的污点、修整砂眼和划痕等缺陷进行进一步处理。砂眼或划痕是出现在膜版上空白部位上的露网点、线。需要使用毛笔蘸取封网胶将其填补。污点是出现在膜版上图文部位上的胶点，需要使用毛笔取脱膜剂加以修除。

在封网和修版中，要熟练的掌握修版技术。操作细致，不要把不该修的部分修死，而把该修的划痕、擦伤、砂眼等缺陷留下，造成上机印刷时漏墨、上脏。如果用感光胶取代

修版液的，修版后要进行一次再曝光处理，固化胶层，版膜修整后，最后进行封边操作。为了保护网框面的清洁，便于再生及防止洗液溶剂侵蚀网框而影响黏结力，需要用胶带纸封贴网框架，也可用耐溶剂的涂料封贴。

技能训练

任务1 晒制单色丝网印版

操作步骤：

1. 打开真空晒版机橡皮布上盖框架。
2. 把网目调底片正面朝上放在晒版玻璃中央部位。
3. 采用三点定位法（长边两点，短边一点），按要求用透明胶纸固定底片。
4. 如果底片没有带透明灰梯尺，应在图文外 6cm 处放置。
5. 将烘干的膜版印刷面朝下按定位要求定位。
6. 闭合晒版机（放下橡皮布上盖框架）放置于底片上。
7. 确定曝光量。
8. 打开光源开关。
9. 曝光结束，打开上盖框架。
10. 取出网版。

任务五 ┃ 印刷　🔍

支撑知识

知识一 丝印油墨的组成

油墨是用于印刷中的重要材料之一，它通过印刷将图案、文字表现在承印物上，油墨中包括主要成分和辅助成分，它们均匀地混合并经反复轧制而形成一种胶状流体。由于丝网印刷的承印材料种类众多，且物性、用途各异，所以丝网印刷所用油种类也有很多。因此，在印刷时，切实把握好油墨的性能，进行正确选择是很重要的。

只有很好地掌握丝网印刷油墨的印刷适性，印刷才能取得好的效果。因此，必须注意油墨的印刷适性，特别是在承印物上的固着性等参数。在印刷之前，必须进行适性试验之后才能决定使用什么油墨。因此，使用何种油墨要根据不同的要求进行选择。

油墨是将色料、连结料和助剂按一定的比例经混合、研磨等工艺加工制成的。

1. 色料

色料包括颜料和染料，油墨色料主要为颜料。染料在织物、标牌及塑料丝印中有一定的应用。颜料在油墨中除了显色作用外，还使油墨具有速盖力。另外，对于油墨的耐光性、耐热性、耐溶剂性、附药品性也有影响。颜料分无机颜料和有机颜料。无机颜料和有机颜料的比较如表 2-5-1 所示。

表 2-5-1　　　　　　　　　　　　　　　　无机、有机颜料的比较

比较项目	无机颜料	有机颜料
色相	劣	优
着色力	劣	优
遮盖力	优	劣
耐热力	优	劣
耐溶剂性	优	劣
耐光性	变色、褪色少	变色、褪色
价格	低	高
耐药品性	少数优	多数优

2. 连结料

连结料是油墨中的流体组成部分。它起连结作用，使色料、填料等体物质分散在其中，印刷时利于油墨的均匀转移。它的另一个重要作用，是使油墨能在承印物面上干燥、固着并成膜。

连结料是决定油墨性能的关键因素，不同类型的油墨，需要用不同性质的连结料。连结料包括油脂、树脂及溶剂等。

丝印油墨连结料用主要树脂的特性和用途如表 2-5-2 所示。

表 2-5-2　　　　　　　　　　　　　**丝印油墨连结料用主要树脂的特性和用途**

树　脂	特　　性	用　　途
沥青树脂	抗腐蚀性好	电路板油墨
醇酸树脂	光泽性、附着力、硬度、柔韧性、流动性均好，耐水性较差	酚醛硬塑油墨
酚醛树脂	油溶性好、光泽性好	抗蚀膜、通用荧光墨
顺丁烯二酸树脂	不泛黄、光泽性好、释放溶剂快	印铁油墨、浅色油墨
氯尿酰胺类树脂	高温固化，坚而脆	印刷热固型塑料及金属用油墨
环氧树脂	对许多物面附着力强	金属、玻璃及塑料用油墨
聚酰胺树脂	附着力强，光泽高	印尼龙及处理 PE 和 PP 膜用油墨
硝化纤维素	成膜好、坚韧、耐热	转印油墨
乙基纤维素	柔韧性好	升华、陶瓷及热熔油墨
环化橡胶	溶剂释放快、坚初	未处理 PP 用油墨
丁苯橡胶	柔初性好	广告用油墨
丙烯酸酯树脂	耐抗性好、溶剂适性广	PS、AS、ABS 膜制品，水基油墨等
聚氨酯树脂	坚固耐磨，能热固及湿固，可单组分和双组分	处理 PE 及 PP 人造革及热固塑料用油墨
乙烯类树脂	品种多、价格低，均聚物性能稍差，共聚物性能好	印 PVC 油墨
聚酯类树脂	各种耐抗性较好	印 PET（涤纶）油墨
水溶性树脂	溶于水	印纸制品油墨
光敏树脂	紫外光照射固化	UV 干燥油墨

3. 溶剂

溶剂包括醇系列、酯系列、脂肪系列、石油系列等，主要作用是溶解树脂，制造成连结料。印刷后，通过挥发逸出墨膜。用于丝网油墨的主要溶剂如表2-5-3所示。溶剂按沸点分类有：低沸点溶剂100℃以下；中沸点溶剂100～150℃；高沸点溶剂150～200℃。在丝网印刷中，主要使用高沸点溶剂。就油墨体系而言，除用活性溶剂使树脂获得最好的溶解外，考虑到油墨的黏度、挥发速度、降低成本和改善其他一些特性的需要，尚须加入惰性溶剂及稀释剂，使配方中溶剂组分配合得当，求得各种性能的平衡。

表2-5-3   丝网油墨的主要溶剂

分类	溶剂名	沸点/℃	蒸发速率	闪点/℃
脂肪族碳化氢（石油系）	矿质松节油	140～180	—	40～60
	灯油	180～200	—	<66
芳香族碳化氢	二甲苯	140	0.7	30～35
	高沸点石脑油	—		
	100#	150～170	0.6～0.1	38<
	150#	170～200	0.6～0.1	66<
	200#	>200	0.1	82<
酮醚	MIBK	116	1.6	1.6
	环己酮	156	0.3	33
	异佛尔酮	215	<0.1	84.4
	二丙酮醇	160	—	9
乙二醇	甲基溶纤剂	124	0.5	39
	乙基溶纤剂	135	0.2	45
	丁基溶纤剂甲基氨基	171	0.1	61
	苯甲酸乙酯	194	<0.1	—
	乙基氨基苯甲酸乙酯	202	<0.1	—
	丁基氨苯甲酸乙酯	230	<0.1	87
乙二醇酯	甲基溶纤剂醋酸酯	144	0.3	—
	乙基溶纤剂醋酸酯	156	0.2	52
	氨基苯甲酸乙酯醋酸酯	217	<0.1	107
酯	醋酸丁酯	126	1	31

4. 助剂

助剂是为了提高油墨的各种印刷适性而添加的各种辅助剂。主要有消泡剂、稀释剂、增望剂、紫外线吸收剂、干燥调整剂等。丝印油墨常用助剂简要介绍如表2-5-4所示。

表2-5-4   丝印油墨常用助剂介绍

助剂名称	简 要 说 明
增稠剂	是能增加油墨体系稠度的物质
减黏剂	主要起改善油墨的流动性、拉丝性及防蹭脏等作用
干燥剂	促使油墨干燥的物质，又名燥油
增塑剂	使墨膜柔软的助剂，对挥发干燥型油有很好的效果，但添加过量会使树脂软化，导致承印物粘连
消泡剂	包括硅系和非硅系，前者用途广泛。硅系消泡剂虽然有较好的效果，但过量使用会导致油墨附着不良

续表

助剂名称	简 要 说 明
分散剂	促进颜料在连结料中分散的助剂
均匀剂	改善膜平滑性的一种助剂
牢固剂	一种能提高墨膜牢固性、耐磨性的助剂，主要使用蜡类
颜色分离防止剂	单一油墨中使用两种以上的颜料，在混合油墨时为防止颜色分离而添加的助剂
沉淀防止剂	油墨中颜料比重大时，为防止在贮藏过程中颜料沉淀而使用的助剂
抗静电剂	为消除网版上因印刷引起的静电荷使用的化学物质

知识二　丝印油墨的选用

这里重点介绍依据不同承印物的丝印油墨的选用。

1. 纸张网印油墨的选用

几乎所有网印油墨都可以印刷纸张，故网印纸张专用油墨品种不多。只是出于价格上的考虑，专门生产了广告油墨及瓦楞纸用油墨等。

网印用纸张油墨的分类：无光泽、半光泽油墨或光泽油墨，透明油墨，仿金属油墨，荧光油墨，特种油墨，紫外线油墨，水基油墨。

广告颜料油墨是较便宜的油墨，使用简单，可用于目前所有纸张和纸板的印刷。这种油墨属干燥后完全无光泽，具有较高的遮盖力，可用松节油稀释。一般多用于印刷广告、招贴画网版印刷。

无光泽或半光泽油墨多用于纸张或纸板印刷，墨层薄、干燥快、附着性好。

光泽油墨通常用于制作转印材料或网目调印刷。

现在纸张种类很多，尤其是涂覆塑料的涂料纸和用塑料制作成的合成纸等。这些印刷材料与塑料一样，需要确认其密附性。

2. 塑料网印油墨的选用

由于不同塑料其表面性能差异很大，因此必须根据塑料承印物的不同材质，选用不同类型的相适应的油墨。目前塑料网印油墨的品种很多，如聚氯乙烯（PVC）用油墨；已处理的聚乙烯（PE）及聚丙烯（PP）用油墨；未处理的 PP 油墨；ABS、有机玻璃及聚苯乙烯（PS）用油墨；氨基塑料用油墨；聚酯（PET）用油墨；防水尼龙布用油墨；人造革（PU）用油墨；聚碳酸（PC）及乙酸丁酸纤维用油墨；真空成型加工塑料用油墨等。

3. 金属网印油墨的选用

网印金属用油墨的承印物有不锈钢、铁、铝等。除不锈钢外，大多数金属都先涂布有丙烯酸或三聚氰胺等物质，或经表面电镜后再进行印刷。

因此、金属印刷也就分为两种形式，一种在涂布面上印刷；另一种在金属上直接印刷。对油墨的要求主要是附着性、墨膜硬度、耐冲击性、耐溶剂性、耐化学药品性、耐油脂性、耐水性、耐洗涤性。

金属用网印油墨与其他网印油墨有很大差异，按照干燥形式，金属所使用的油墨有氧化聚合型、挥发干燥型、热反应型及特殊网印墨。

氧化聚合型油墨印刷后可采用自然干燥或加热干燥（80℃、30min 左右），这类油墨适用于铝、铁、铜及铜合金等材料表面印刷。

挥发干燥型油墨印刷后油墨中溶剂蒸发而留下树脂着色剂，干燥时间适当（常温20~40min），有光泽。除红墨外，一般不怕大气中有害气体腐蚀，用于金属涂饰面（挥发性漆、丙烯酸聚酯、密胺等）和金属板、箔等印刷。

热反应型油墨多用于电子元件、金属标牌、印刷线路牌等金属材料制品的表面印刷。这类油墨有一液型和二液型两种。二液型特点是分为 A、B 两种液体，一种为主剂，另一种为添加剂（硬化剂、催化剂）。使用前将两者混合，待其融合为一后再印刷。其优点是贮藏时稳定，不加热或低温加热就能硬化，缺点是印刷过程中黏度会增高，不适于在同一条件下印刷；一液型优点是一次合成、无损耗、黏度无变化，缺点是硬化需要高温，耐久力差，贮藏不稳定。

这两种类型都能利用热能、时间和光化反应产生立体网状结构，形成非常稳定的牢固膜层，另外耐热性、耐药品性、耐溶剂性、耐水性、耐酸碱性及绝缘性都非常良好，粘接力强，常见玻璃、陶瓷器皿上的精美印刷用的都是这类油墨。

特殊油墨主要是指紫外线干燥油墨等，适用于各种金属材料的表面印刷。

4. 玻璃油墨的选用

玻璃油墨是由着色剂和助熔剂混合后，再与刮板油（连结料）搅拌成糊状而制成的。

① 热熔玻璃色釉油墨。热熔玻璃色釉油墨是由低熔点的固态有机化合物在 100℃ 左右的温度下熔融与色融混合而成的。该油墨在室温下为固态，印刷时需要加热熔化（60~80℃）。

热印色釉具有热塑性，使得玻璃印刷工艺大为简化和可靠，由于热印色釉在常温下呈固态，所以印出的花纹图案在离开热线网后便立即固化，可立即印下一颜色，不必进行中间干燥，大大提高了印刷效率，而且可以对承印物进行圆周印花，增加了花色品种。缺点是用热印釉印刷的丝网印版寿命较短，而且印刷设备也略复杂。

② 玻璃低温油墨。玻璃包装制品的低温印刷装饰工艺是以低温玻璃油墨为装饰材料的，一般其固化温度为 100~180℃，固化时间为 10~15min。有如下特点：a. 固化温度低，节约能源；b. 工艺简单，操作方便；c. 装饰材料成本低；d. 色彩变化更丰富，图案细腻、精致；e. 抗摩擦性差，反复使用后装饰层有可能剥落，而高温装饰色釉层，用锋利金属刀也刮不掉，非常坚固；f. 装饰层耐湿性能差，抗化学腐蚀性能差，遇潮湿环境，遇乙醇、丁酯等溶剂，墨层易损坏。

二液反应型玻璃油墨适于化妆瓶一类承印物在曲面网印机和移印机上印刷。

5. 织物印料

纺织品网印油墨与其他油墨基本相同，只在配料成分上略有调整。总体上有两大类，即染料和油墨。

① 染料油墨。染料油墨是一类有色的有机化合物，能使纺织品染成各种颜色。染料油墨必须是能溶解或分散于水，或者能用化学方法使之溶解。对纤维具有染着力，并具有使用要求的各项坚牢度。染料油墨基本组分由：染料、浆料、助剂三部分组成。

a. 染料。由于各种纺织品纤维性能的不同，所以某一类染料只适用于某些纺织品（如表 2-5-5 所示）。这也是与油墨的不同之处。

表 2-5-5　　　　　　　　　　　　各种纺织纤维着色常用染料类别

纤维名称	还原染料	分散染料	活性	直接	酸性	中性	阳离子	偶氮染料
棉	✓		✓	✓				✓
毛			✓		✓	✓		
丝			✓	✓	✓	✓		
黏胶	✓							✓
涤纶		✓						
维纶	✓			✓		✓		
腈纶		✓					✓	
锦纶		✓	✓	✓	✓	✓		
醋酯		✓					✓	
氨纶		✓	✓		✓			

注：1. 分散染料有：高、中、低温型，印花选用以中、低温型染料为主。

2. 酸性染料有：强酸、弱酸之分，印花一般采用弱酸性染料。

"✓"表示可用。

　　b. 浆料。印花与染色对纺织品着色加工有所不同，染色是用染液通过浸、轧上色。印花不能用染液与纺织品着色，它必须通过载体把染液传送到纺织品上去，这种载体就是浆料。

　　常用浆料有糊精、龙胶、海藻酸钠等。

　　c. 助剂。种类繁多，例如尿素、小苏打、吊白块、增白剂等。

　　② 颜料型织物印花油墨。颜料型织物印花油墨俗称直接印花油墨。在织物上着色的原理与染料型织物印花油墨有所不同，它的最大特点是不受纺织品纤维性能的影响，油墨同纺织纤维没有亲和力，它借助黏合剂结成坚固的薄膜牢牢吸附在纤维上。工艺简单、操作方便、使用面较广。

　　颜料型织物印花油墨花色品种多，使用范围广，例如：消光印花，荧光、磷光印花，金、银粉印花，发泡印花油墨等。

　　颜料型织物印花油墨主要由色浆、乳化浆（糊）、黏合剂、交联剂、增调剂五部分组成。

　　颜料型印花油墨根据连结料性质不同可分为下列四类。

　　a. 水分散型。油墨借水溶性的连结料作用，在水中呈均匀分散状态。所使用的黏合剂为水溶性或水扩散性良好的胶乳聚合体，例如常用的 F 型阿克拉明就属于这一类型。

　　b. 溶剂分散型。油墨依赖能溶于有机溶剂的连结料树脂，使颜料在溶剂中均匀分散。如聚氯乙烯、聚丙烯酸酯以及能溶于醚或碳化氢的加氯橡胶等。

　　c. 油/水相型（O/W 型）。乳化浆水为外相，而溶剂和油溶性合成树脂为内相，墨能分布于任何液相中，加水能使油墨变稀薄，而加油能使其变稠厚。

　　d. 水/油相型（W/O 型）。这里水为内相，而油为外相，色浆和水在内相，黏合剂和有机溶剂在外相。这类溶剂多为沸点较高的碳化氢类。要使这种油变稠厚，只要加水就行了。相反，如要求稀薄一些，需加添溶剂。

以上四类不同性质的颜料型织物印花油墨的主要组分有色浆、乳化浆、黏合剂、交联剂、增稠剂等。一般情况下以上五个部分都分开包装，印花时现场调配。也有只将色浆分开装，其他部分调和在一起包装的。

6. 陶瓷印料

陶瓷的直接法装饰，目前一般用于瓷壁画、瓷砖等平面物体的装潢，它是直接在陶瓷上印刷的，所以印料属于水性陶瓷印料，印料的成分为：着色剂＋基础釉（为长石釉、石灰釉及助剂锌、铅、硼釉等）＋连结料等。

工艺流程：陶坯胎→印图像→施釉→焙烧→检验→包装。

知识三 丝网油墨的调配

开印前，应使油墨具有良好的应用和印刷适性，必要时需做适当的调配。丝印油墨（印料）的色彩调配是丝印生产过程中不可忽视的一个环节。调配的基本原理离不开色光的加色法和色料的减色法等基本原理。

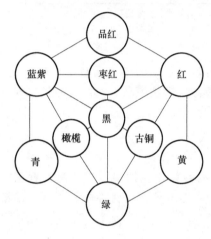

图 2-5-1 三原色油墨混合成的间色、复色

色料三原色中以任意两色等量混合，便能产生光的三原色的某一色相。这三种色相从颜色的角度讲，称为间色（或叫第二次色），如黄、青二色混合形成的绿色，即为间色。间色与间色混合产生的色相称为复色（或称为第三次色）。三原色油墨混合成的间色、复色如图 2-5-1 所示。

一、油墨调色方法

所谓配色就是将两种以上的颜色，或是除主调色色彩之外再使用少量的色彩邻接，形成颜色的组合。常见的配色方法有以下几种：

（1）人工经验配色法 不使用任何调配仪器，完全凭经验分析、调配油墨。

（2）机械配色法 机械配色过程中，各步骤都可用机械（分光光度计、色差计、色彩分析仪等）作为测量工具，使配色工作在相对有依据的状态下进行。

（3）电脑配色法 随着计算机和测色仪器的发展，配色软件也在逐步完善。电脑配色法的配色目的，就是使待配的专色与所配的颜色的三刺激值相等，而三刺激值又可与各原色墨的浓度建立数学关系，依据这样的原理，经过多次计算后，便可获得符合要求的原色墨的配方。

二、油墨配色的原则

彩色油墨使用前调配时，首先将色样上需要配制的颜色单独露出，正确分辨出原稿（或原样）色彩是原色、间色，还是复色。如果是间色、复色，需要分辨出主色与辅色的比例。其次一定要根据原稿指示的色调，小样调试，待与原稿相比，颜色色差较小或相等时，方可大批配制，且时间要短，调量要适当。

丝印油墨调色时要注意三点：

（1）配墨时应尽量少加不同色的油墨，色墨种类越少，混合效果越好。实际上，应尽量使用接近单一颜料的形态配制成的油墨。这样，色数的准备可以少一些，即使考虑油墨的耐性来选择时也比较方便。

（2）采用"由浅入深"原则，无论配制浅色或鲜艳的彩色油墨，当色相接近样板时，要小心谨慎。不同厂家生产的油墨，最好不要混合调用，尽量采用同一厂家不同颜色的油墨进行调色，否则会产生色调不匀的现象，严重时会出现凝聚而使油墨报废。

（3）有些丝印油墨是通过烘干来干燥的，浅色烘干后比未干燥的更浅，深色烘干后偏深。另外，油墨的色调在印刷干燥前和干燥后有否差别，是容易忽视的问题。一般来说，通过自然干燥的（溶剂挥发型油墨），承印物是塑料、金属、纸张、玻璃等，色彩不会发生变化；但若是陶瓷用的色料，由于在灼烧氧化后才显色，只能凭经验来调色。而对于通过热固、光固来干燥的丝印油墨，颜色在深浅上会有变化。调墨量大时，可以使用调墨机，可在短时间内完成调色。

原油墨色以不同的比例混合，可以配出很多颜色的油墨，如表 2-5-6 所示。

表 2-5-6　　　　　　　　　　　　　　　油墨颜色配方举例

原色			合成比例	显色
品红	黄	蓝		
0	50	50	0：1：1	绿
50	0	50	1：0：1	蓝紫
50	50	50	1：1：1	黑
25	75	0	1：3：0	深黄
0	25	75	0：1：3	深绿
75	25	0	3：1：0	橙红
0	80	20	0：4：1	苹果绿
100	25	25	4：1：1	红棕
25	25	100	1：1：4	墨绿

三、冲淡剂的使用方法

冲淡剂的种类有白油、维利油、撤淡剂、亮光浆、白油墨等。在调配浅色油墨时，按冲淡剂的种类不同，一般分三种调配方法。这三种配比法调配的油墨，不仅色相效果不同，而且各自具有不同的特点。

（1）冲淡调配法　以维利油、撤淡剂等为主。这种方法调配的淡色墨，具有一定的透明度，不具遮盖力，墨色不鲜明，很适合油墨的重叠套印，起弥补主色调不足的作用，一般用于胶印过程中的淡红、淡蓝、淡灰墨等，来补充品红版、蓝版、黑版的色调气氛和层次。

（2）消色调配法　以白油墨为主，这种方法调配的淡色油墨，色调发粉、墨色较鲜，具有很强的遮盖力，由于颜料的质地重，印刷时易堆版、堆橡皮布、耐光性差，但调配出的油墨色彩鲜艳突出，质地强，一般用于单色网印。

（3）混合调配法 以白油、维利油等，加白油墨混合。这种方法中白油墨起到提色的作用，调配的淡色油墨根据白墨的用量不等而具有不同的遮盖力和透明度。如淡蓝色，以白墨为主，略加蓝色（青色）；淡红色，以白墨为主，略加大红；灰色，以白墨为主，略加黑色；银灰色，以白墨为主，略加银粉浆，再加微量的黑墨。配制浅色丝印油墨（印料），要尽量少加白墨，因为白墨活性大，易使其他颜色发生变色。

知识四 认识刮墨板、刮胶

一、刮墨板的种类

刮墨板在网版印刷中，包括刮印刮板、回墨刮板，简称刮板。在没有指明的大多数情况下常将刮印刮板称为刮墨板。

除手工网印方法采用一块刮板外，机械网版印刷都必须有两块刮板。刮印刮板与回墨刮板交替往返运动，当印刷时刮印刮板挤压油墨印刷，回程时刮印刮板抬起脱离网版。为使刮印刮板再次刮印时有足够的印墨，必须有一刮板将油墨再刮回到油墨的初始位置，同时用油墨堵住图文部分的孔洞，以防止网孔内油墨干燥，影响继续印刷。

二、刮板的结构

1. 刮印刮板

刮印刮板由两部分组成，如图 2-5-2 所示，上面刮板柄起夹具作用，由木材、塑料、合金铝等材料制成，下面为胶条（胶刮），起挤压印料作用，由天然橡胶或合成聚氨酯材料制成。胶刮的硬度，橡胶的多为肖氏 40°～90°，聚氨酯的多为肖氏 60°～90°。近年来法国等生产的组合胶条如："软＋硬＋软"，或"中＋硬＋中"等系列产品，可以承受长时间的变形，压力作用均匀，具有更长的使用寿命。

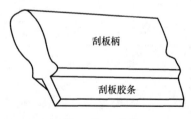

图 2-5-2 刮印刮板的结构

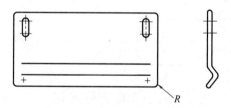

图 2-5-3 回墨刮板的结构

2. 回墨刮板

回墨刮板一般用薄不锈钢或铝板制成，其作用是将刮印刮板挤压到网版一端的油墨刮回到刮印刮板工作的起始位置，同时用印刷油墨堵住图文部分的孔眼，以防止网孔内印刷油墨干燥，影响继续印刷。其运行动作恰好与刮印刮板动作相对应，虽无磨网压力，但与网版的间隙可调，全长要求一致，方能保证覆膜的墨层均匀，厚薄一致。回墨刮板的长度应宽于印刷幅面，两端应向前微弯，以起收拢网面油墨的作用；两端下缘尖角务必磨圆，以免伤网。其结构大致如图 2-5-3 所示。下缘弯成斜铲状，便于调剂墨量，底缘刃口务必磨平，保持光滑平直，上方多备有长孔。

三、胶条的主要规格

由于刮墨板在印刷中要接触各种油墨和溶剂，并要求耐磨性高、有一定的硬度。用于制作刮墨板的橡胶有天然橡胶和合成橡胶。印染行业使用的刮墨板多为天然橡胶制成。网印机上使用的刮墨板多为硅橡胶制成。曲面网印机使用的刮墨板多为聚氨酯橡胶制成。手工印刷使用的刮墨板多为天然橡胶、氯丁橡胶。

聚氨酯橡胶具有高强度、耐磨性好、耐矿物油烷烃类溶剂，在高硬度情况下仍有很高的回弹性。其颜色由深到浅，其中浅黄色的一种质量最优，常用于制作高档刮墨板。

根据硬度不同，聚氨酯刮墨板常分为低硬度（肖氏硬度 60°）、中硬度（肖氏硬度 70°）、高硬度（肖氏硬度 80°）三种。

其中每种的硬度又可分为 3～4 级，其质量指标如表 2-5-7 所示。

表 2-5-7　　　　　　　　　　　　　聚氨酯刮墨板的质量指标

硬度	抗张强度/MPa	伸长率/%	撕裂度/(N·cm⁻¹)	回弹/%	变形/%	磨耗、吸油率等
60°	＞25	＞500	＞300	＞20	＜10	同基本性能
70°	＞35	＞450	＞450	＞20	＜10	同基本性能
80°	＞40	＞450	＞650	＞20	＜10	同基本性能

刮墨板在室温下，1.44h，120♯汽油增重 1%，2♯航空汽油增重 0.8%。

聚氨酯橡胶的成型方式有浇注成型、压延成型、热塑成型，国产刮墨板采用浇注成型。按分子结构又分酯型和醚型，酯型比醚型耐水性差而耐溶剂性好。聚氨酯橡胶刮墨板的品种规格见表 2-5-8。

表 2-5-8　　　　　　　　　　　　　聚氨酯橡胶刮墨板的品种规格

规格（长×宽×厚）/mm	规格（长×宽×厚）/mm	规格（长×宽×厚）/mm
500×50×4	980×40×9	1000×40×5
500×50×6	980×50×8	1000×30×4
500×50×8	980×40×8	1000×50×3
980×60×9	980×25×8	
980×50×9	1000×50×5	

四、确定刮墨板长度和刃口形状的依据

1. 刮墨板长度确定的依据（如图 2-5-4 所示）

① 刮墨板两端较印刷图文尺寸各长 3cm。如果刮板长度小于画面宽度，则刮印时就不能保证整个画面都有油墨。刮板过长，不利于印刷，而且浪费。

② 网框的内缘与刮墨板的每个端点之间至少留有 12cm 的空白区域。刮板长度要小于网框内框尺寸。这是因为，刮板长度大于内框的长，刮板就放不进框内，接触不到版面而无法印刷。另外刮板的长要比内框小一定的距离，这是因为，如果刮板两端离内框没有留

适当距离，而丝网印版与承印物又有一定的间隙，在印刷时产生的压力，会很容易将丝网印版弄破，刮板两端离内框太近还会影响印刷精度。

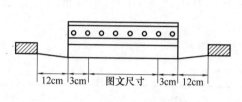

图 2-5-4   刮墨板的长度

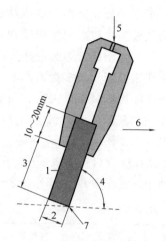

图 2-5-5   刮墨板的侧视结构

1—刮刀硬度   2—刮刀厚度   3—刮刀高度
4—刮墨角度   5—刮墨压力   6—刮墨速度
7—刮刀打磨（断面/表面）

2. 刮墨板刃口形状确定的依据

① 刃口形状。刮墨板的侧视结构（如图 2-5-5 所示）。

刮墨板的刃口即头部的形状，基本有三种：方头、圆头、尖头，如图 2-5-6 所示。

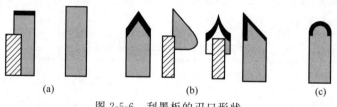

(a)   (b)   (c)

图 2-5-6   刮墨板的刃口形状

（a）方头   （b）尖头   （c）圆头

② 确定刃口形状。刮墨板刃口的形状，对网印质量有一定影响，不同的承印物，在印刷时应选用不同刃口形状的刮墨板。

方头刮墨板的刃口为 90°，其横断面的形状为矩形。方头刮墨板使用最广泛，手、机两用，磨修方便，其胶条的 4 条刃口均可使用，通常选择最平直、无缺陷的刃口刮墨。方头刮墨板最常用于印刷平面承印物。

圆头刮墨板的刃口形状为圆弧状，有大圆头及小圆头之分。小圆头刮墨板一般用于油墨黏度较低、印刷精度要求不高的印刷品的刮印，大圆头刮墨板适用于纺织物的大面积满版印花。

尖头刮墨板的刃口有 45°、60°、70°等几种形状，通常用于曲面印刷。在不考虑油墨黏性、黏度的条件下，刮墨板刃口的角度越小，则透过印版的油墨就越少，其印迹也越清晰。但角度越小，则磨修越困难，刮墨板的使用寿命也越短，所以在使用锐角刃口的刮墨板时，应选用硬度较高而且耐磨的刮墨板胶条。

知识五　丝网印刷手工操作流程

（1）承印物的准备　将印刷的承印物准备妥当，同时进行必要的检查。

（2）油墨的准备　丝网印刷前必须根据印刷工艺的要求，选择合适的油墨，进行必要的色相调节和印刷适性调节。如果需要专色油墨，要进行专色油墨配制。

（3）印版的检查　印刷前必须对印版进行必要的检查和核对，印版图文内容、印刷色序等必须符合工艺作业单要求。

（4）刮墨刀的选择　将刮墨刀与印版图文比较，选择合适的刮墨刀。刮板理想的长度是比网版上的整幅图像长 5～7cm，比网框内径短 7～10cm。

（5）清洗工作　印刷前的工作准备好之后，必须对操作平台进行必要的清洗，一般用铲刀清除表面杂物，再用化学物质（环己酮）对平台表面做清洗。

（6）调节承印物在操作台的位置　在正式印刷前必须进行必要的试印，将试样放在操作台上的合适位置，调节好试样位置后，对试样进行定位。

（7）上墨过程　当承印物定位后，将已经调制好的油墨添加到丝网印版上准备印刷，上墨量要进行适当的控制，主要参考印刷量和印刷图文面积。

（8）定位　打开承印平台上的真空吸附设施，用印刷台上的定位孔固定好承印材料，也就是将承印物吸附在工作平台上。

（9）用刮墨刀进行手工印刷　印刷时刮墨板应直线前进，不能左右晃动，不能前慢后快、前快后慢或忽慢忽快。刮墨板的倾斜角应保持不变，特别要注意克服倾斜角逐渐增大的通病。印刷压力要保持均匀一致，保持刮墨板与网框内侧两边的距离相等，到墨板与边框保持垂直。在试印刷后取出，仔细检查，再进行细调。检查内容包括：印刷内容完整性、正确性、位置是否合适，油墨厚度及印刷效果等。

（10）在试印刷后，进行正式印刷　大量印刷生产时，产品摆放在晾晒架上，从下向上放置，产品摆放的一端应该超出架子的端口，便于晾干后取出。

（11）收集　将干燥好的印刷品收集。

（12）检验　将印刷品放在检测台上，用目测或放大镜观察，对存在问题的印刷品进行处理。

（13）包装　按裁切要求将印刷品裁切到成品尺寸后打包。

边学边练

知识六　网印机的固版装置

简易手工网印的印版一般用合页固定在印刷平台上，如图 2-5-7 所示，呈扇形张开状。甩合页固定印版时，面向印刷台的操作者，一般采用固定在前方和固定在左侧的方法，固定左侧的方法适用于小型物品的印刷。用右手可进行承印物的送入和取出，它的缺点是由于扇形的张开，油墨容易向左侧移动。

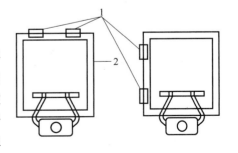

图 2-5-7　印版的安装方法
1—合页　2—版框

为了使印版在操作中呈扇形轻轻张开，一般安装有平衡锤，其上方装有拉簧装置，使用细的金属丝和滑轮，用脚踏方法进行版的开闭。

任务1　安装印版

本项目中采用简单的手动平网印刷机进行印刷，如图2-5-8所示。

一、操作步骤

（1）取网框，按印刷台适中位置，放置在固版夹头中。
（2）调节印版夹长柄的伸长量。
（3）锁紧印版和长柄。

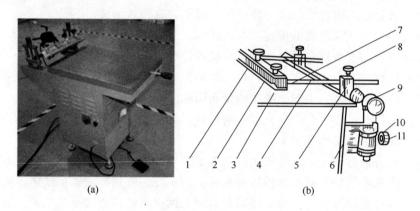

(a)　　　　　　　　　　　　　(b)

图 2-5-8　网印版的支撑装置

（a）实物图　（b）结构简图

1—固版夹头　2—固版螺钉　3—承印台板　4—版夹长柄　5—长柄支柱
6、7—横轴　8—固柄螺钉　9—横向微调轮　10—高度微调轮　11—纵向微调

二、印版安装的基本要求

网版放入网版印刷机版夹子内，先不固定印版，而是先设置网距、调节印版图文与承印物的相对位置，待图文位置调好后，再拧紧版夹子螺丝。这样上版同时完成了粗调规矩。

三、注意事项

完成印版安装后，一定要拧紧版夹子螺丝，防止印刷时松动。

任务2　拆装刮墨板

一、安装刮墨板

（1）安装刮墨板　胶条露出板柄的高度可视网印要求而定，若需要刮墨板软一点可以多露出一些（25～30mm）；若需要刮墨板硬一点可以少露出一些（10～25mm），如图2-5-9所示。胶条和夹具的连接主要靠螺丝固定。

（2）安装机用刮墨板

① 安装刮墨板。把刮墨板装到印刷机的刮墨板支架上，刮墨板的中点要与印版的中线对准。

② 观察并校正其平行度。

③ 将印刷机上的刮墨板缓慢落下，使之与印刷台相接触。

④ 观察左右两边的胶条与印刷台面之间间隙是否相等，调节至符合印刷要求为止。

⑤ 拧紧刮墨板支架上的螺丝。

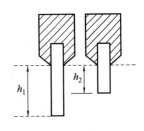

图 2-5-9　胶条的高度

h_1、h_2—胶条的高度

二、拆卸刮墨板

（1）提升刮墨板。

（2）托版　一手从刮墨板下部托住刮墨板。

（3）松版　另一手拧松刮墨板支架上的螺丝。

（4）取下刮墨板。

（5）清洁刮墨板　用沾汽油的擦布擦净刮墨板上的残墨。

知识七　手工印刷的操作方法及注意事项

一、手工印刷操作方法

手工操作刮墨—回墨，有三种方法：

（1）向里（操作者的位置）刮印，向外刮动回墨。

（2）向里刮印，向外推动回墨。

（3）向外推动刮印，向里刮动回墨。

刮板的运动轨迹有三种，如图 2-5-10 所示，即直线轨迹、弧形轨迹、S 型轨迹，操作者可视具体情况进行选择。

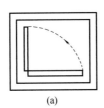　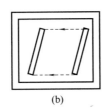　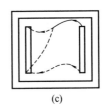

(a)　　　　　　　　　　(b)　　　　　　　　　　(c)

图 2-5-10　手工印刷的刮板运行轨迹

二、手工刮印操作注意事项

（1）用刮墨板的侧面往返涂布油墨，用刮板的前端压下版面，与印刷面密合，并与版保持一定的角度（一般角度为 $60°\sim75°$），以一定速度进行移动。

（2）刮印压力要适宜、均匀。

（3）手工套印时，无论印刷哪一个色版，都应保持同向刮印，因为异向刮印会使套色误差加倍。

（4）印刷结束，应立即洗版，不得留有残墨。

任务3 手工印刷

手动平网印刷机的操作步骤，如图 2-5-11 所示：

（1）用手掀起或脚踏开启网印版

（2）按照印刷台上的规矩，将承印物定位在印刷台上。

（3）用手或脚踏使网印版落下或闭合。

（4）在印版的一端（刮印起始点）放置定量油墨。

（5）用双手握住刮墨板的手柄，用刮墨板的前端（缘）下压网印版，使之与印刷表面接触。

（6）使刮墨板与版面成 70°左右，以一定速度用力刮动油墨，直至印版的另一端。

（7）将印版上的油墨轻轻刮回到起始点。

（8）掀开或开启网印版。

（9）取出印刷品。

（10）将印刷品放在晾架上干燥。

图 2-5-11 手动平网印刷机印刷过程

项目三　套色丝网印刷

项目描述

某客户想在透明基材上印刷一个迪士尼卡通人物，订单量约为 50 个，需要透明基材具有良好的硬度和柔韧性，公司自行设计迪士尼经典卡通图案，并要求图案色彩鲜艳，附着力好。

项目分析

根据客户要求公司需要自行设计经典四色迪士尼米老鼠图案，经客户认可后需对印刷所需材料进行分析、确定。经与客户协商，选择 PVC 胶片作为印刷载体，为降低生产成本且需要底片尺寸相对稳定，所以用透明胶片作为底片；因为套色质量需要，网框使用铝合金材质；国产 200 目白色丝网进行斜绷网；重氮感光胶；PVC 油墨；因为定量较小故选择使用手工丝网印刷。

知识目标

丝网套色印刷基本工艺流程；设计多色套色图原则；铝合金网框选择；网纱选择；感光胶选择；刮刀选择；油墨选择；绷网工艺方法；手动绷网机结构；感光胶种类；感光胶的使用要求；感光胶涂布工艺；晒版参数要求；油墨类型、组成；多色丝印印刷基本工艺；套色定位方法；印刷故障及分析。

能力目标

了解客户印品质量要求并分析使用工具及材料；撰写施工单；多色图案设计要求、设计方法；输出方式、具体要求；打样目的、方法；能操作手工绷网机完成斜绷网过程；懂调配感光胶并能规范完成涂布过程；懂判断涂布后网版的涂布质量；懂判断网版晒版布质量；能分析晒版过程的质量问题；懂得根据产品颜色要求调配油墨；懂得利用手印台完成多色 PVC 套色印刷过程；会分析并解决多色印刷常见问题。

任务一　实施生产通知书　　🔍

支撑知识

知识一　认识生产通知书

按照复制原稿的性质、特点、用途、委印单位的意见等，由工艺科或生产科对产品进行工艺设计，将产品的规格和技术要求、施工方法制成表格，作为调度员或施工员对各工段或班组组织实施生产的依据。此种表格称为生产通知书（工艺施工单）。网版印刷生产通知书是网版印刷生产全过程的依据，是实施规范化、数据化生产的重要手段。由于网版在许多行业都得到了应用，而且承印材料也多种多样，所以各个行业印刷厂的生产通知书名称和格式都不一样，内容也不完全相同，但通知书的主要内容应包括印刷品名、规格、质量、承印材料、制版要求、印刷油墨，以及印后处理方式等项目。表 3-1-1 为纸张类印刷生产通知书，可供其他类承印物印刷参考。

表 3-1-1 　　　　　　　　　　　网版印刷生产通知书

编号　　　　　　　　　　　　　　　　　　　　　　　　　年　月　日

印件名称			数量	
	规格/mm			
制版	版数			
	丝网型号(颜色)		丝网目数	
	加网线数		网框尺寸	
	正、斜绷网		感光材料	
	绷网张力		涂胶厚度	
	曝光量		显影方法	
	制版时间		操作者	
	机型		机号	
印刷	印张数		色数	
	墨色		油墨型号	
	纸张型号		纸张规格	
	印刷时间		操作者	
印后加工	干燥方式		烫金	
	上光		压凹凸	
	覆膜		模切	
	加工时间		操作者	
生产说明				

制表人　　　　　　　接件人

知识二　常用承印物的种类

网印常用的承印物有纸张、纸板、塑料薄膜、塑料片（板）、玻璃、金属、织物等。

一、纸类承印物

1. 纸和纸板的区别

由纤维原料制浆造纸所得的产品，可以分为纸和纸板两大类。纸和纸板按定量（即单位面积的质量）或厚度予以区别，但其界限不是很严格。一般来说，定量在 200g/m² 以上或厚度在 0.1mm 以上者为纸板或板纸。但有些产品定量达 200g/m²（如白卡纸、绘图纸等），仍按习惯划归为纸类。

2. 纸和纸板的分类

纸和纸板通常是根据用途分类。纸大致可以分为：文化用纸、国防和工农业技术用纸、包装用纸和生活用纸四大类。纸板也大体分为包装用纸板、工业技术用纸板、建筑用纸板及印刷与装饰用纸板四大类。

主要包装用纸的成分、特点及用途如表 3-1-2 所示。

表 3-1-2　　　　　　　　　　主要包装用纸的成分、特点及用途

纸的种类	主要成分	特点	用途
牛皮纸	1号：全部采用硫酸盐木浆 2号：以硫酸盐木浆为主掺其他纸浆	强度高	包装商品，制作纸袋
纸袋纸	100%未漂硫酸盐木浆	与牛皮纸强度相当，但具有较大透气度且不易破裂	包装水泥、化肥
鸡皮纸	未漂亚破酸盐木浆	单面光泽度高，强度较高，施胶度高，耐折度好	包装工业品、食品
玻璃纸	高级漂白硫酸盐木浆，经氢氧化钠处理成碱化纤维素，再用二硫化碳、碱等处理	高透明度、高光泽、耐油、不通气性好、防热、防尘、印刷性好	化妆品、糖果食品、针织品包装
羊皮纸（硫酸纸）	原纸经硫酸处理	半透明、结构紧密、防水、防潮、防油、杀菌、消毒	包装食品、糖果、茶叶、烟草
有光纸	源白苇浆、草浆、渣浆、竹浆加填松香、明矾等胶料	纤维交织紧密、均匀、厚薄一致、正面光滑	商品里层包装，裱糊纸盒
胶版纸（道林纸）	主要由漂白硫酸盐木浆抄制，需加填料和高度施胶，克重（g/m²）有60、70、80、90、100、120、150	纤维紧密、均匀、洁白、不掉粉、伸缩性好、耐折度高、抗张强度好	双面印刷纸适于商品、标签多色印刷，裱糊纸盒
铜版纸（涂料纸）	原纸表面涂一层白色涂料经超级压光加工而成，克重（g/m²）有80、90、100、120、130、150、200	表面平滑、色泽洁白	适用于多色精细印刷高级商品样本、画册、宣传画、精细瓦楞彩盒裱糊
白板纸	漂白苇浆、木浆作面浆，稻草浆、麦草浆或废纸浆为里浆或芯层，克重有200～450g/m²	纸面平滑、洁白、挺度好、耐折度高、印刷性良好、粘接性好	折叠纸盒，吊板村板等
箱板纸	特号：50%以上硫酸盐木浆、竹浆挂面，50%以下半化学木浆、褐色磨木浆挂底 1号：100%半化学木浆或30%以上废麻浆，70%以下草浆、废纸浆 2号：100%草浆、褐色磨木浆	纤维紧密、纸质坚挺、切性好、耐压、耐撕裂、耐戳穿、耐折叠、抗水、表面平滑，适于印刷	瓦纸箱的主要原料制纸盒、箱、桶
白卡纸	全漂白化学木浆，重施胶、无面浆、里浆之分，机内压光200～400g/m²	介于纸、纸板间，质量比白板纸高	挂式包装
钙塑合成纸	树脂与碳酸钙经高速捏合机、密炼机等加工成	抗压、抗水优于普通瓦纸板，需经特殊处理改善印刷性能	瓦纸板（如图3-1-1所示）

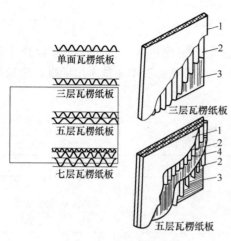

图 3-1-1　瓦楞纸板的结构

1—面纸　2—瓦楞芯纸　3—里纸　4—芯纸

3. 特殊纸

① 真空镀铝纸。以纸作为基材，表面真空喷镀铝层，以其色泽的不同，又称金卡纸、银卡纸。真空镀铝纸的铝层和涂层沿着纸面纤维方向呈粗糙状态，金属光泽较柔和。间接镀铝纸的平整性好，呈镜面光泽。镀铝层表面涂有一层清漆防护层，以防止铝层的氧化，同时还能改善表层的印刷适性。有时为了进一步加强其装饰效果，还可在其表面进行模压，以形成折光效果。

② 水松纸。水松纸是一种特种工业用纸，专供卷烟厂做过滤嘴烟滤嘴棒处包装用，因外观类似松木纹而得名。它主要分为印刷型和涂布型两大类。印刷型水松纸主要用于中、高档香烟，涂布型一般用于低档香烟。水松纸的定量在 $33\sim40g/m^2$，卷筒纸的尺寸规格为宽 $48\sim56mm$，长 $2000\sim3000m$。水松纸同吸烟者嘴唇直接接触，因此水松纸的印刷油墨和涂层必须要求无毒，符合食品卫生标准，并且具有一定的抗水性和湿强度。

③ 合成纸。合成纸，又被称为第二代纸，是采用以合成树脂为基本成分的高分子有机化合物（如聚苯乙烯、聚丙烯、聚乙烯等塑料纤维）、再生短纤维和木浆等原料，经压延或挤压成平面材料，与利用植物纤维为原料的纸一样具有印刷、书写、包装、装饰等功能。从本质而言，合成纸具有传统纸的一般性质，又有传统纸不可比拟的物理性质和高抗张强度、高耐破度、高透气性、优良的印刷性能等，正日益受到人们的重视并应用于广告印刷、包装行业、医疗用纸、商业印刷等各方面。

④ 证券纸。证券纸是双面光的平板纸，有一号、二号两种。一号纸是用100％的漂白棉浆制成，供银行、财政部门长期保存的账簿、证件等用。二号纸是用漂白棉浆、竹浆、龙须草浆、化学木浆（用量约占35％）制作的，可用于印支票、汇票、存折、账簿等。按需要有浅黄、米色、浅绿等几种颜色，还可以带各种水印。近年来出现的各种彩券也多用此纸印制。

⑤ 不干胶商标所用的自黏纸。不干胶标签是20世纪70年代初问世的，由于它黏扯灵活、使用方便、黏着牢固、耐热耐潮、不易老化、不污染商品、价格便宜且兼有商标和装饰的双重作用，因此发展很快。近几年来，不干胶标签印刷已成为国际市场普遍使用的新技术，产品广泛应用于家用电器、仪器仪表、汽车、化妆品、机器铭牌、塑料制品、家具木器、食品包装、儿童玩具、办公用品、服装等商品上。

不干胶商标是利用专门的胶黏材料——自黏纸印制而成的高级商标、标签、封缄的总称，属于压敏型胶黏装潢商标。这种商标在使用时要从隔离纸上揭下，再经过适当的压力即可粘贴到各类物品的清洁表面上。

自黏纸是由表面纸基材、黏合剂层、防黏剂（硅油纸）构成的，如图 3-1-2 所示。

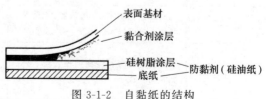

图 3-1-2　自黏纸的结构

二、塑料承印物

塑料是以合成的或天然的高分子化合物为基本成分，加入适当的轴助材料，在加工过程中可塑制成型，在常温下其形状能保持不变的可塑性材料。通常以合成树脂为基本成分，加入增塑剂、稳定剂、填料、染料等，成型方法有挤出、注射、吹塑、层压、模压、压延、发泡等，有的还可用车、铣、刨、磨、副、钻、抛光等方法加工。一般为透明、半透明或不透明的固体，质轻，有一定的物理强度，有较好的防潮、耐热、耐寒、绝缘、抗腐蚀、易加工等性能。根据组分的性质可分为单组分塑料（基本上由合成树脂组成，仅含少量辅助物料）和多组分塑料（以合成树脂为基本成分，含有多种辅助物料）；根据受热后的性能变化可分为热塑性塑料（链状线型结构，受热软化，可反复塑制）和热固性塑料（网状体型结构，受热不会熔融，不能再塑制）。品种多达上千个，工业生产的有三百多个，广泛用作飞机、汽车、船舶、电机、机械、化工、建筑、日用品等工业的重要材料。

塑料作为一类高分子材料问世已久，但将经过加工的塑料，作为包装材料是出现在20世纪60年代，到了20世纪70年代又有了大幅度的增长，应用范围不断扩大，塑料包装材料在包装材料总额中的比例也在逐年增长，不少国家已达到仅次于纸类包装材料的水平。

目前，我国塑料包装制品主要有六大类：塑料编织袋（约占2.5%），塑料周转箱钙塑箱（约占7%），塑料打包带、捆扎绳（约占8%），塑料中空容器（约占11%），短料包装薄膜（约占46%）及泡沫塑料（约占2%）。

塑料一般是以厚度分为塑料薄膜和塑料片材、塑料板材，厚度低于0.25m者为薄膜，厚度在0.25~1m的称为片材，厚度大于1mm的称为板材。

塑料薄膜或片材的分类方法很多，以化学组成可以分为聚乙烯薄膜、聚氯乙烯薄膜、聚丙烯薄膜和聚酯薄膜等；根据薄膜的制造方法可以分为熔融挤出法、压延法、溶液流延法薄膜等；根据薄膜的结构可以分为单层薄膜和复合薄膜等。

常用塑料品种有以下几种：

（1）聚乙烯（PE） 聚乙烯是由乙烯聚合而成。由于聚合方法和密度不同，因此分为低密度聚乙烯（LDPE）、高密度聚乙烯（HDPE）、线性低密度聚乙烯（LLDPE）。聚乙烯透明度不高，有一定的透气性，阻湿性能好。有一定的抗拉强度和撕裂强度，柔切性好。化学稳定性好，室温下不溶于任何有机溶剂，大多数耐酸碱，不耐浓硝酸。有很好的耐低温性能（−70℃）。它的介电性能很好，吸水性低，化学稳定性良好。易成型加工，热封性好。聚乙烯分子中不含极性基团，其表面为非极性的，并且结晶度高、表面自由能低，未经处理的聚乙烯对油墨的附着性能很差。因此，印刷前需要进行表面处理，常采用电晕处理或化学表面处理改善其印刷性能。此外，聚乙烯是一种无毒的承印材料，符合包装关于卫生安全性的要求，主要用于食品包装用塑料薄膜和容器。

简易鉴别方法：易点燃，燃烧时有石蜡燃烧时的臭味，并且冒黑烟，有熔化的黑色液体滴落。

（2）聚丙烯（PP） 聚丙烯由丙烯聚合而成。它是一种很轻的塑料，实际使用的聚丙烯密度为0.90~0.91g/cm³。聚丙烯的透明度高，光泽度好。它具有优良的机械性能，抗拉强度、硬度和切性均高于HDPE。耐热性好，可以在120℃的高温下连续使用，可以在开水中蒸煮。化学性能稳定，在一定温度范围内对酸、碱、盐及许多溶剂具有稳定性。卫生安全，符合包装的要求。虽然聚丙烯的阻气性能优于 PE，但仍然较差。耐寒性差，低温容易脆裂。聚丙烯的表面也是非极性表面，结晶度高，表面自由能低，印刷前也需进行表面处理。聚丙烯主要用来制作包装薄膜，也可制成瓶罐、塑料周转箱和编织袋。

简易鉴别方法：易燃，燃烧时有燃烧石蜡的臭味（比聚乙烯略小），不冒黑烟，有熔化的黑色小液珠滴落。

（3）聚苯乙烯（PS）　聚苯乙烯树脂是由苯乙烯单体聚合而成。聚苯乙烯塑料的相对分于质量为 10 万～25 万，透光性很好，透光率达 90%，有一定的机械强度，易着色，外观漂亮，无毒，广泛用于制作各种日用品，如酒杯、肥盒、衣架、牙刷柄、杯子、果盘、糖罐等。

聚苯乙烯的透明度高并且有很好的光泽。质地坚硬，耐冲击性差。透湿性、透气性大。化学稳定性差，易受有机溶剂如芳香类的侵蚀、软化甚至溶解。耐低温性能良好，但不耐热，连续使用温度为 60～80℃。聚苯乙烯易成型加工，可以制成薄膜、瓶和泡浓塑料。无臭、无味、无毒，卫生安全性好，可以用于包装。

聚苯乙烯电绝缘性非常优异，可与石英相媲美，是非常理想的高频绝缘材料，广泛用于制造收音机外壳、电视机上各种高压绝缘材料，还可用作雷达及高频电线的绝缘材料。

聚苯乙烯的薄膜和片材拉伸处理后，冲击强度得到了改善，可以制成用于食品的收缩包装，片材经热成型制成的半刚性容器可用于各种食品的包装。

聚苯乙烯制成的发泡材料除用作缓冲材料外，还可用于保温。低发泡片材经热成型可加工成一次性使用的快餐盒和餐盘等，价格便宜，使用方便。

聚苯乙烯对丝印油墨的附着力很好，表面用溶剂清洁即可进行印刷。

简易鉴别方法：易燃，燃烧时有苯乙烯单体特有的臭味，冒黑烟，边熔边落下边燃烧。

（4）聚氯乙烯（PVC）　聚氯乙烯的表面为极性表面，一般油墨对聚氯乙烯的附着力都很好，印前无须表面处理。但有时因聚氯乙烯制品老化或增塑剂等添加剂转移到塑料表面而降低附着力，这时可用乙醇擦拭其表面以增加油墨在其上的附着力。

聚氯乙烯树脂由氯乙烯聚合而成。热稳定性差，在空气环境中超过 150℃将发生降解放出氯化氢，长期处于 100℃下也会降解，在塑料成型加工时会发生热分解，为了改善 PVC 树脂的热稳定性，制成塑料时需加入一定量的稳定剂。

聚氯乙烯塑料有较高的机械强度，耐酸碱化学腐，耐有机溶剂，有优异的绝缘性能。常用于制造 PVC 管材、板材等，用于化学工业和农业排灌设备，也用于制造人造革，如服装、鞋类、箱、包等制品。

PVC 树脂的黏流化温度接近其分解温度，其处于黏流态时的流动性也差，必须加入增塑剂以改善其成型加工性能。增塑剂的添加量达到树脂量的 30%～40% 时制成软质的 PVC，添加量小于 5% 时即可制成硬质的 PVC。

PVC 的透明度高，对氧气的阻隔性好，机械性能较好。硬质的 PVC 具有较高的抗拉强度和刚硬性，软质的 PVC 具有较高的柔韧性和撕裂强度。PVC 的化学稳定性好，常温下能耐大多数的酸、碱，并且具有良好的耐油脂性。此外，PVC 的着色性、印刷适性也较好。

PVC 塑料存在着卫生安全性问题，限制了其在食品包装上的应用。PVC 树脂本身无毒，但其原料氯乙烯单体有毒，加工过程中加的增塑剂、稳定剂等也影响到 PVC 的卫生安全性。要将 PVC 用于包装，就必须严格控制材料中氯乙烯单体的残留量，并且要使用低毒的增塑剂和稳定剂。

简易鉴别方法：难燃，点燃时放出刺激性的氯臭味，燃烧时出现软化而不熔化的现象。

（5）聚酯（PET）　聚酯是聚对苯二甲酸乙二酯的简称，俗称涤纶。聚酯的透明度高，光泽性好。具有优良的阻气、阻油和保香性能。刚硬而有韧性，抗拉强度是 PE 的 $5\sim10$ 倍，是 PA 的 3 倍。化学稳定性良好，耐稀酸、碱及普通的有机溶剂。聚酯树脂能在较宽的温度范围内保持其优良的物理机械性能，正常使用温度范围为 $-70\sim120℃$，能在 150℃ 使用一段时间。聚酯树脂卫生安全性好，符合包装的要求。

由聚酯树脂制成的未定向透明薄膜、收缩膜、结晶型定向拉伸膜，因其良好的强度和耐油性，被广泛用于禽肉类包装。以聚酯树脂为基材的复合膜可用于蒸煮包装。聚酯瓶，被大量用于饮料包装。它具有优良的机械性能、刚性、硬度及很高的强韧性，吸水性低，耐摩擦性优良，尺寸稳定性好，也用于制造聚酯薄膜，用于影片、照片、X 光片基、录音带、包装印刷材料及复合薄膜。

简易鉴别方法：外观的透明薄片，燃烧时火焰呈黄色，黑烟，微微膨胀，有时开裂。有苯乙烯的气味。聚酯树脂对油墨的附着力差，在印刷前必须经过表面电晕处理，方可以进行印刷。

（6）聚碳酸酯（PC）　聚碳酸酯是一种聚酯，有很好的透明性，机械性能非常优良（尤其是低温抗冲击性能），尺寸稳定，耐热性好，是一种非常优良的承印材料，但因价格较贵限制了它的广泛应用。

聚碳酸酯可以制成薄膜、片材和容器，PC 制成的容器像玻璃一样坚硬、透明，又具有很高的抗冲击性，用途十分广泛。

聚碳酸酯对油墨的附着力比较好，经过脱脂处理后即可印刷。

（7）聚酰胺（PA）　聚酰胺是许多重复酰胺基团的线性热塑性树脂的总称。尼龙则是它妇孺皆知的通称，在用作纤维时，我国称之为锦纶。它是质轻的微黄角质，透明和不透明的都有，能耐芳香烃侵蚀，耐油性极佳，因此常用于包装润滑油和燃料等。尼龙本身无毒、耐冷热、耐药品极强，有韧性而且容易染色和成型，常用来加工成机器零件、油管、油箱、薄膜等。薄膜在存放时不易起皱，高温消毒时不变形，作热包装时不可少。在网印工业中用于制造尼龙丝网、筛网和尼龙感光胶。用作丝网不足之处是耐酸、耐光性差，吸湿后易变形，因而高精度网印版用尼龙丝网的不多。作为承印物，适性较好，不用做预处理。

（8）聚乙烯醇（PVA）　聚乙烯醇为白色或微黄色粉末、颗粒或絮状物质，溶于水，溶解度随水温上升而提高。PVA 可以作为胶黏剂在装订中使用，制版时可以代替明胶、鱼胶等，可以黏结金属、橡胶、织物、皮革等，还可作为织物的上浆剂等。

PVA 可用于制造纤维和织物的处理剂、乳化剂、黏合剂、纸张涂层等，PVA 膜是良好的包装材料。聚乙烯醇缩丁醛胶是较好的黏接材料，常用作绷网操作中丝网与网框的连接剂。它对玻璃有极高的黏合力，被当作安全玻璃的夹层，其透光率高达 90%，PVA 和聚乙烯乙酸酯可一起作为网印感光胶乳剂的主体。

（9）ABS树脂 ABS树脂为浅黄色粒状、珠状物质，是由丙烯腈、丁二烯和苯乙烯三种单体共聚生成的热塑性塑料。丙烯腈有较好的硬度和耐化学腐蚀性，丁二烯具有韧性，耐冲击，而苯乙烯坚硬、透明且有良好的染色性和加工性，因而ABS同时兼备它们的特长，是重要的工程塑料之一。被广泛用于制造电信器材、汽车飞机零件、包装材料，还可以代替金属作电镀工件、铭牌、装饰品，或者代替木材作装潢材料。

（10）乙烯醋酸乙烯共聚物（EVA） EVA是由乙烯与醋酸乙烯共聚得到（醋酸含量为10%～20%）。EVA塑料透明度高，具有良好的柔软性和韧性、可挠性和较低温的热封性。EVA的加工温度低，加工性好，可用多种方法成型，制成容器和薄膜用于包装。

（11）乙烯—乙烯醇共聚物（EVOH） EVOH最突出的优点是对氧气、氮气和二氧化碳等气体的高阻隔性及优异的保香性，还具有很好的耐油性和耐有机溶剂的能力，可以用于油性食品和食用油的包装。EVOH的亲水吸混性会对阻隔性产生不利影响，因而，实用中，一般将其与高阻混性聚烯烃类（PE、PP）薄膜复合。

三、复合薄膜

纸、铝箔、塑料薄膜等材料虽然各有其优良特性，但是单一材料往往满足不了新的包装技术要求。为了改善材料的性能，开始研制复合包装材料，将几种不同的包装材料复合在一起，达到互相补充、改善性能的目的。运用复合技术可将不同的纸、铝箔、塑料复合生产出不同层数的多种复合材料。

复合薄膜通常由基材、涂层材料、胶黏剂及其他辅助材料组成。基材由纸、玻璃纸、铝箔、塑料膜等构成。涂层材料由蜡、清漆、萨纶乳胶、硝酸纤维素等构成。胶黏剂的种类有很多。

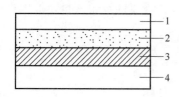

图3-1-3 复合薄膜的结构示意图
1—纸（刚度） 2—聚乙烯（胶黏层）
3—铝箔（阻隔层） 4—聚乙烯（热封层）

图3-1-3为典型的复合薄膜结构。由纸、铝箔、聚乙烯构成的层合膜是复合膜的主要品种。在包装工业中常用缩写的方式表示复合的结构，如纸/PE/铝基/PE。前面是外层，写在后面的是与产品接触的内层。外层纸可提供拉伸强度及印刷表面，铝箔提供了阻隔性能，聚乙烯在这两者之间起黏合的作用，内层聚乙烯使复合材料能热合。

复合膜主要用于真空包装、充气袋、蒸煮食品包装和外包装等方面，其中食品、医药用量最大。

四、金属

需要进行网印的金属材料几乎全是板材，有镀锡薄钢板、镀铬薄钢板、镀锌薄钢板、低碳薄钢板、铝合金板和铝箔等。

（1）铝箔和铝合金薄板 铝和铝合金在现代工业中应用范围很广，铝板表面有银白色光泽，极具良好的印刷效果。作为标牌或包装用的铝材，有铝箔和铝合金薄板两种。前者厚度在0.2mm以下，后者在0.2～0.4mm之间。

（2）镀锡薄钢板（马口铁） 镀锡薄钢板是由钢基板、锡铁合金层、锡层、氧化膜和油膜五层构成，如图 3-1-4 所示。值得注意的是，在钢基板与锡层之间是一层锡铁合金。这是在钢板上镀锡后进行软熔处理和钝化处理而产生的，它不仅具有媒介作用，使锡牢固地附着于钢板表面，而且还可以使锡层光亮，补偿镀锡层存在孔隙，提高钢板的耐腐蚀性。一般来说，镀锡层的厚度为0.5～2.0μm。

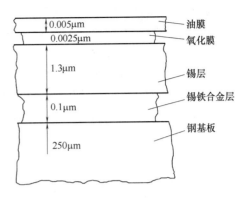

图 3-1-4　马口铁各层的结构示意图

（3）非镀锡薄钢板　由于金属锡的资源少，镀锡薄钢板的成本高，为了降低成本，人们一直设法研制锡薄钢板的代用品，因而产生了非镀锡薄钢板。工业上应用的非镀锡板有镀铬薄钢板、镀锌薄钢板和镀铝薄钢板。

五、玻璃

玻璃是一种无定型的固体，一般是由原料在约 1500℃ 熔炉中加热成熔融状态，再经压延或吹塑后冷却而制成。制造各种玻璃的主要原料是某些元素的氧化物，如 SiO_2、Al_2O_3、Fe_2O_3、CaO、MgO、Na_2O、K_2O、PbO、B_2O_3、P_2O_3 等。构成玻璃的各化学成分之间没有恒定的比例关系，一般含量为：石英砂 55%、碳酸钠 18%、石灰 12%、碎玻璃 12% 和 3% 的着色材料。

玻璃的品种有普通玻璃和钢化玻璃两大类。后一类强度较高、不易破碎。按照使用又分为平板玻璃、筒形玻璃、纤维玻璃、光学玻璃等。需要进行印刷装饰加工的主要是平板玻璃、经过热弯的曲面玻璃和瓶玻璃制品，它们主要由 SiO_2 组成网格，我们称之为硅酸盐玻璃。

六、织物

织物是由纺织纤维经纺纱（长丝直接织绸）织成。

（1）纺织纤维　纺织纤维的种类繁多，大致可以分为天然纤维（植物纤维棉、麻等，动物纤维毛、发、蚕丝等）、化学纤维。

化学纤维的主要品种及各项名称如表 3-1-3 所示。

表 3-1-3　　　　　　　　化学纤维的主要品种及各项名称

学名	短纤名称	长丝名称	商品名称
聚酰胺-6 纤维	尼龙-6	尼龙-6 丝	卡普隆、尼龙-6
聚酰胺-66 纤维	尼龙-66	尼龙-66 丝	尼龙-66
聚酯纤维	涤纶	涤纶丝	涤纶、的确良
聚乙烯醇纤维	维纶	维纶丝	维尼纶
聚丙烯腈纤维	腈纶	腈纶丝	奥纶
聚氯乙烯纤维	氯纶	氯纶丝	氯纶、天美隆
聚丙烯纤维	丙纶	丙纶丝	丙纶
黏胶纤维	黏纤	黏胶丝	人造丝、人造棉、人造毛
醋酸纤维	醋纤	醋酸丝	醋酸丝
高温模量黏胶纤维	富纤	—	虎木棉、富强纤维

（2）纺织品类型　由于纺织纤维的性能不同，织成纺织品的性能更为复杂。一般分为三种类型，第一种称为纯纺，由单一的纤维织成，如纯棉、纯涤纶、纯丝等。第二种是由两种或两种以上的纤维织成的纺织品，称混纺织物，如涤卡等。第三种是由两种不同性能的纱或丝，分别作为经纱和纬纱交织而成。

（3）纺织品成品种类　纺织品大体分为以下几类：

① 服装类：内外衣、童装等。

② 床上用品类：床单、被面等。

③ 装饰用品类：窗帘、壁挂等。

④ 卫生用品类：毛巾、手帕、桌布等。

⑤ 综合类：旗帜、旅游纪念品等。

知识三　常用油墨的种类

（1）根据承印物的种类不同，可以分为塑料、金属、纸张、纺织品、玻璃等不同承印物的油墨。

（2）根据连结料种类分，有水基型和溶剂基型。

（3）根据干燥方式分，有挥发干燥型、氧化聚合型、渗透干燥型、双组分反应型、紫外线干燥型和电子束辐射干燥型六类。

（4）依照油墨的特性还可将其划分成：亮光、平光、荧光、快固着、磁性、导电、发泡、香味、升华、转印、UV 固化、变色等十二种。

技能训练

任务 1　制作生产通知书

依据本项目的描述和项目分析，模仿表 3-1-1，制作本项目所需的生产通知书。

要求：

（1）印刷方式为手工印刷。

（2）无印刷加工工艺。

任务 2　实施生产通知书

操作步骤：

（1）仔细阅读生产通知书。

（2）根据通知书上的要求，准备承印物。

① 了解生产要求承印物的品种、规格。

② 领取承印物（去料库）。

③ 核对承印物标签，不可出现差错。

例如塑料英文缩写与中文名称要熟悉（见表 3-1-4）。

（3）根据通知书上的要求，准备油墨。

① 了解生产所需的油墨类型。

② 领取油墨（到料库）。

表 3-1-4　　　　　　　　　　　常用塑料英文缩写与中文名称对照

英文缩写	中文名	英文缩写	中文名
PA(NY)	聚酰胺(尼龙)	PVC	聚氯乙烯
PC	聚碳酸酯	PVDC	聚偏二氯乙烯
LDPE	低密度聚乙烯	ABS	丙烯腈—丁二烯—苯乙烯共聚物
HDPE	高密度聚乙烯	EVA	乙烯—醋酸乙烯共聚物
PET(P)	聚对苯二甲酸乙二醇酯(聚酯)	Cxx	未拉伸×
PUR	聚氨基甲酸酯	OXX	拉伸××
PP	聚丙烯	BOXX	双向拉伸××
PS	聚苯乙烯		

③ 核对油墨容器上的标签。

④ 核准。请师傅核对生产通知书上的要求。

任务二　印前设计及底片制作

支撑知识

知识一　制作底片的设备

底片制作分为手工制作和计算机制作两种方式。手工制作底片主要制作一些简单的线条图或号码，使用的主要工具有直尺、云板、绘图笔、圆规、刻刀等。制作的方法主要有刻膜法和描绘法两种，操作多在看版台上进行。看版台的桌面是毛玻璃板，玻璃板下面安装有灯管，工作时打开下面的灯，将底片或原稿、红膜等材料放到看版台上，从下面照明，就可以很方便地进行描绘等操作。看版台也是进行手工拼版必备的设备。

由于目前计算机已经非常普及，有很多以前用手工制作的工作都可以用计算机来完成，如制作文字和号码可以非常容易地用计算机输出，同时还可以减小手工制作的难度，也可以大幅度提高制作的效率和质量。

计算机底片制作法是使用计算机和相应的绘图制作软件，按照一般的设计制作方法绘制版面，然后通过打印或照排等方法得到底片。所用的设备除了计算机以外，还应该有诸如 Photoshop、Illustrator、Coreldraw、Freehand 等制作软件、扫描仪和打印机等输入输出设备，但一般的网版印刷厂都没有照排设备，通常输出胶片要到专门的输出中心进行。

在制作精度要求高的印版或网目调印版时，底片的输出应该使用照排机输出胶片，胶片的实地密度要达到 3.5 或更高，这样才能在印版上得到细小的线条和网点。如果印版是比较大的文字或线条，可以直接用激光打印机打印在透明的投影胶片上，用打印投影胶片代替照排机输出的胶片，以降低成本。也可以用激光打印机打印在半透明的描图纸（硫酸纸）上，或者打印在普通打印纸上，然后对打印纸进行浸蜡处理，增加其透明度，用这样的纸样代替胶片晒版。

激光照排机是输出印刷胶片的专用设备，输出精度可以达到 2400dpi 或更高，而一般打印机只能达到 600dpi 左右。因此，使用照排机输出胶片制作底片可以得到高质量的底片，得到最好的晒版效果。照排机按照结构可以分为绞盘式、外鼓式和内鼓式三种类型。

无论哪种结构的照排机，都需要与一台计算机相连接，在这台计算机上安装驱动照排机的软件，这种软件称为栅格处理器，通常又称为 RIP。目前使用的栅格处理器基本都是个软件，有些打印机将 RIP 的功能固化为硬件，安装在打印机内部。

RIP 是连接印前制作与输出的桥梁，是目前彩色桌面系统制版工艺中的核心，它的性能和运行方式，决定了印前工艺的操作步骤。粗略地说，RIP 有以下三大功能。

（1）解释计算机制作的版面信息　无论是照排机还是打印机，大部分输出设备都是点阵式记录设备，即将页面分解成行和列，每行由许多点来组成，每一个点对应一个记录像素点，也就是说，要用激光点或墨粉颗粒来拼接形成图像。在应用软件中制作的页面内容有些是图像，有些是图形，还有特殊形式的图形——文字。这些制作的信息不是与记录设备的像素点一一对应的，必须要经过计算和转换，将它们转换为与记录设备相对应的点。这种将页面制作的信息转换为记录设备对应像素点的工作，就是 RIP 最基本的任务。

（2）分色与加网计算　RIP 将页面信息解释为点阵后，还要根据页面中的图像层次和颜色进行加网计算，形成网目调图像。RIP 加网的性能是衡量 RIP 质量的最重要指标之一，不同厂家的 RIP 产品，加网算法不同，加网的效果也有很大差别。

（3）控制输出设备　RIP 还是控制输出设备的控制器，可以控制输出设备的动作。对于页面制作计算机来说，操作人员只能向 RIP 发送打印命令，而不能直接向输出设备发送命令。RIP 接收到打印命令后，对要打印的页面信息进行解释、加网和分色等处理，形成点阵图以后就会控制输出设备开始记录，输出完成后，控制输出设备停止。如果有多台制作计算机与同一个输出设备连接，RIP 还会有调度的作用，它会根据发来的页面先后顺序和优先级，自动安排输出。

照排机记录后的胶片还要经过冲片机来处理，冲片机的作用是将曝光后的胶片进行显影、定影和冲洗，使其成为晒版用的底片。冲片机通常有 3～4 个水槽构成，分别放置显影液、定影液和冲洗的清水。全自动冲片机的显影液和定影液水槽都要有加热和自动药液补充装置，可以根据胶片和显影的条件进行设置，显影的时间可以设定，以保证恒定的冲洗条件，稳定冲洗质量。

全自动显影机还有自动烘干装置，将冲洗后的胶片烘干，从显影机出来的是干燥后的胶片。烘干的温度可调，一般来说，烘干温度应该调整为保证烘干前提下的最低温度，以免温度过高使胶片变形。

晒版底片的密度值取决于照排机的曝光量，同时也受到显影时的药液浓度、药液温度、显影时间影响，因此要配合照排机的曝光量调整显影的条件，使底片达到 3.5 以上的实地密度，同时保证准确的网点面积率。这个调整的过程称为胶片的线性化，是一项保证输出质量的日常检查工作。在进行胶片线性化时要检查胶片的实地密度和网点面积率的准确性，检查胶片的实地密度和网点面积率要使用透射密度计和放大镜。

如果照排机与冲片机是独立的，则照排机必须有一个收片盒。收片盒是一个密封的暗盒，将曝过光的胶片收在收片盒内，然后由操作员将收片盒拿到显影机上进行冲洗。如果照排机与冲片机是连接在一起的，则可以将曝光后的胶片自动送到冲片机显影，免去了收片盒和相应的操作。目前所有的照排机都可以与冲片机连接在一起，具有曝光和连线冲洗的功能，以提高自动化水平。

知识二　计算机制版

计算机制版（CTP）的印刷工艺流程一般来说可以分为如下步骤。

（1）整稿与工艺设计　制作任何一个印刷活件，印刷工序的第一步都是整稿，设计印刷版式，并根据印刷的要求、承印物的质量、数量、规格、印刷制品的要求、制作方法及制版、印刷中各种材料的选择等方面进行规划。

根据印刷品使用目的的不同，对印刷图案的精度、质量要求也不同，处理的方法也不一样，因此要事先计划好，避免造成浪费和废品。不同产品的加工要求不同，所需要的材料和工序都有差别，特别是印后加工的差异比较大，在产品工艺设计时就必须考虑到，设计好前后工序的衔接。

（2）原稿的输入　对所提供的原稿，包括文字原稿进行输入处理。最常用的文字稿输入方式为键盘录入，如果是印刷品文字原稿，还可以通过扫描和文字识别来录入，也可以通过语音识别的方式来录入。图像原稿要根据印刷的要求和工艺设计的参数合理设置扫描分辨率，使图像的精度和尺寸符合产品和印刷的要求。对于网目调印刷来说，图像扫描分辨率的大小取决于印刷的加网线数，对于无缩放的原稿来说，二者的关系如下：

$$图像扫描分辨率（dpi）=印刷的加网线数（lpi）×质量系数$$

其中，图像扫描分辨率的单位为每英寸的像素数（dpi），印刷加网线数为每英寸的网点数（lpi），质量系数为由印刷质量决定，一般情况下为 2.0，质量要求不高时可取 1.5，质量要求高时可取较大的值。

对于线条稿的扫描，在相同的印刷条件下，一般要使用更高的扫描分辨率，至少应不低于 600dpi，以保证线条边缘光滑无锯齿。

（3）图文处理及排版　对扫描的图像及录入的文字进行编排，按要求排成所需的版面。一般情况下，还要对扫描图像进行一定的处理，如剪裁、修版、图片拼接、颜色与阶调的调节、特殊效果制作等，最后还必须进行分色（即将图像颜色转换为印刷油墨的数值）。

图像处理好以后要将图像与文字组合在一起，制作出符合要求的印刷版面。组版分为手工组版和计算机组版，目前大部分使用计算机组版。手工组版是将各个图像的胶片和文字的胶片通过手工的方式，按照产品的设计要求拼合到一起，并通过拷贝和修版等操作形成成品的胶片，然后进行晒版。计算机拼版是在拼版软件中进行的，是将扫描的图像、录入的文字，按照要求组成页面文件，通常还要在版面中加入一些装饰元素，使版面更加美观。计算机组版功能强，速度快，质量高，适合制作复杂和高难度的产品，因此是目前采用的主要手段。如有必要，还要将组好版的文件打印出来进行校对、检验或交客户确认。

（4）输出胶片　将制作好的版面传送给栅格处理器（RIP）进行解释并加网（对于网目调图像），将解释成记录设备点阵图像的文件送给照排机输出成胶片。对于网目调印刷来说，输出胶片时必须按照印刷的要求或按照工艺单选择合适的加网线数。对于网版印刷，加网线数不能太高，一般为 50～80lpi。

不同的印刷方式和晒版方式对胶片的要求不一样，有的要求输出阳图片，有的则要求输出阴图片，阳图和阴图又有正阳图和反阳图、正阴图和反阴图之分。各种输出结果的示意图如图 3-2-1 所示。如果印刷成品的图文是黑色的，则阴图的图文是白色（透明）的，底色是黑的。图的正反判断要从胶片的药膜面方向观察（药膜面对着观察者），看到的图文为正方向时为正图，如图 3-2-1 中的（a）和（c），反方向时为反图，如图 3-2-1 中的（b）和（d）。如果不能判断出胶片的药膜面方向，可以用小刀等尖利物体轻轻刮擦胶片边缘（页面图文以外）的黑色部位，能将黑色药膜刮掉的面为药膜面。

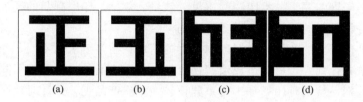

图 3-2-1　各类型底片的效果
(a) 正阳图　(b) 反阳图　(c) 正阴图　(d) 反阴图

胶片的作用是用来晒版，胶片上的信息由黑和白（透明）组成，晒版时，黑色的部位挡光，阻止光线透过胶片，所以对应印版上不曝光的部位；透明的部位可以让光透过，对应着印版上的曝光部位。

由于网版是采用漏印的方式进行印刷的，是直接印刷方式，在丝网印版上的图文应与承印物上的图文方向完全相同。而印版上有图文的部位必须是通孔，而感光胶是遇光固化，有图文的地方应该不曝光，因此丝网感光制版所用底片就必须是正阳片，这样才能保证印版印刷出的图文是正向的。

对输出胶片的基本质量要求是胶片的密度值，即胶片黑色部位的黑度。如果有透射密度计，可以用密度计测量，密度值应该达到 3.0 以上，最好在 3.5 左右。如果没有密度计，可以直接将胶片黑色的部位对着亮光观察，不透光为质量合格，透光则表明密度不足。

对于网版印刷，遇印刷质量要求不高的线条图印件时，有时也可以用打印机打印胶片来代替输出胶片，甚至用手工刻膜的方法制作底片。如只印刷大号的文字时，有一种专门用于激光打印机使用的涤纶胶片，胶片表面经过专门的处理，比如用等离子体放电处理或磨砂处理，可以较牢固地附着激光打印机墨粉。这种打印机输出的打印胶片可满足一般质量要求的晒版使用，如简单的文字页面和线条图页面。

边学边练

知识三　在应用软件中设置颜色

在任何应用软件中都有颜色设置的功能。颜色的设置分为 RGB 颜色模式、CMYK 颜色模式和专色模式三种类型。

RGB 颜色使用红、绿、蓝三原色混合各种颜色，混合规律符合加色混色规律，其基本规律如图 3-2-2 所示。RGB 颜色可以在显示器上显示出来，但要印刷出来必须经过分色，即必须将 RGB 颜色转换为印刷油墨的 CMYK 颜色。一般在 Photoshop 中处理的扫描图像大多是 RGB 模式图像，因此处理完成后都必须转换为 CMYK 颜色模式。

CMYK 颜色模式是一种以印刷油墨颜色表示颜色的方法，CMYK 的数值就是印刷到承印物上的油墨网点面积百分比。CMYK 颜色的混合符合减色混色规律，其基本规律如图 3-2-3 所示。凡是四色印刷的图像和页面，输出时都应该是 CMYK 颜色模式的，才能保证输出的颜色准确。

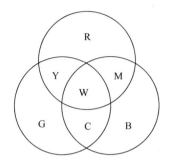

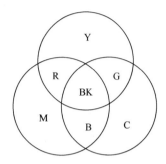

图 3-2-2　R、G、B 颜色加色混合规律　　　　　图 3-2-3　C、M、Y、K 油墨混合规律

专色模式是事先用油墨混合得到的特定颜色，不是通过原色油墨印刷形成的。印刷每一个专色时都要使用一块印版，所以要印刷多少个专色就必须使用多少块印版，也必须输出多少张分色片。各种专色在印刷时通常互相不叠印，将不同颜色的专色套印在不同的位置上，各色油墨不重叠。专色印刷通常用于包装印刷和线条图印刷，如中国年画的印刷。

最常用的专色是 PANTONE 色，指定一个 PANTONE 色编号，就确定了该颜色，如PANTONE1225C 代表一个橘黄色。也可以设置颜色的类型为专色，而颜色的感觉由CMYK 或 RGB 混合而成。无论何种方式构成的专色，在输出时都应单独输出一张胶片，并晒制单独一张印版来印刷。

知识四　分色与专色输出

在制作彩色版面时，所有的颜色最终都要由油墨印刷而成，因此最终的颜色都必须CMYK 油墨颜色或专色。

对于由扫描仪或数字相机得到的图像，颜色模式为 RGB，在用 Photoshop 处理完成后，都必须在图像菜单的模式子菜单中选择 CMYK 颜色命令来分色，将 RGB 颜色转换为 CMYK 颜色。这个颜色模式转换的过程就称为分色。

对于在组版软件或图形软件中制作的版面来说，在版面中设置的颜色都必须是CMYK 颜色模式或专色，才能保证分色的正确。如果使用的是 RGB 颜色模式，则在输出胶片时，最终的颜色是不可预测的，很可能不满足设计的要求。

如果设置的颜色为专色，或者除了 CMYK 颜色以外还增加了其他专色，则在输出胶片时每个专色会输出一张胶片。除非必要，如果专色的颜色可以用四色油墨代替，最好使用 CMYK 油墨印刷，这样可以降低印刷成本，简化工艺。

在输出版面时，一定要清楚版面中使用了哪些颜色，应该输出多少张分色片，所增加的专色色版是否正确。图 3-2-4 所示的是 Adobe 软件打印输出界面的一部分，在页面中除了使用 CMYK 颜色外，还使用了一个名为 PANTONEBlue072C 的专色。在输出颜色对话框显示出版面中所使用的颜色名称和数量，一定要确认输出颜色正确无误，并且可以选

图 3-2-4 专色输出时的选项

哪些颜色输出，哪些颜色不输出，输出的颜色前有"X"标记，没有"X"标记的颜色不输出。如图 3-2-4 中的黄色就不输出。如果发现输出的颜色不正确，或在输出时看不到颜色名，就必须返回到制作环节，检查问题出现在哪里。

知识五 套印的基本知识

印刷复制过程是颜色的分解和合成过程。四色彩色复制工艺是指用黄、品红、青、黑四块印版进行四种油墨的印刷套合的工艺，通过统一套印规矩，达到四块印版印刷的油墨图文轮廓、位置准确套合。如果套印达不到要求，印刷品质量也就无从谈起。

任务 1 制作多色线条版底片

制作多色线条版底片的主要步骤

（1）仔细阅读生产通知单，了解清楚版面的要求、颜色数和种类，确定制作线条底片的方法。如果是简单的彩色线条图，并且精度要求不高，可以使用手工制作的方法。但最方便的制作方法是在计算机上用图形软件绘制。

（2）在图形处理应用软件中制作多色线条图 制作多色线条图的方法与制作单色线条图的方法一样，首先要画出线条，然后在颜色设置中设置需要的颜色，并将颜色赋予所画的线条。在 Illustrator 软件中制作出该项目要求的迪士尼卡通图案——米老鼠，如图 3-2-5 所示。

（3）分色输出 将设计好的米老鼠图案分成黑、红、蓝三色文件，如图 3-2-6 所示。将制作好的版面文件输出为分色胶片。如果没有照排机，可以将制作的电子文件送到输出中心输出。如果所制作的线条图不复杂，精度要求不高，则可以使用激光打印机输出硫酸纸或透明胶片。

图 3-2-5 AI 软件设计米老鼠图案

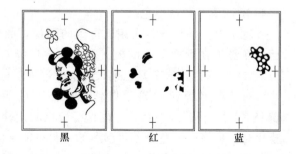

　　黑　　　　　红　　　　　蓝

图 3-2-6 原稿分色文件

输出时，要在应用软件的文件菜单中选择打印命令，在打印对话框中选择合适的打印机（一般应该是 PostScript 打印机）或照排机名称，在选项中要选择"打印分色"选项，并选择需要输出的颜色名。

【注意事项】

① 制作多色线条图时最好使用图形处理软件，如 CorelDRAW、Illustrator 等，最好

不要用 Photoshop 等图像处理软件，因为用图形处理软件比图像处理软件制作线条图更方便快捷、制作效果更好。

②　在图形处理软件中设置的颜色类型一定要用 CMYK 颜色或专色，不能使用 RGB 颜色模式。如果版面中使用的颜色数不超过 4 色，则可以用 CMYK 的 4 个颜色代替所要颜色，这样可以按一般的 CMYK 彩色页面处理，只是屏幕上显示的颜色效果不一样。

③　如果线条图中没有过渡色，则所有的线条都应该是实地，所以颜色的设置都应该是 100％实地色，不要使用淡色，否则输出的胶片会带有网点。

④　如果在版面中使用了 CMYK 颜色以外的专色，则要注意该专色是否被输出。如果在下面的颜色中没有专色名，则专色不会被输出。

⑤　在绘图软件和组版软件中绘制的线条不要太细，图形和线条颜色要考虑尽量不叠印，因为丝网印刷的套印精度不高，细线条会由于套印不准而错位，变成了其他颜色。

支撑知识

知识一　丝网绷网的工艺流程

丝网印刷的工艺流程如图 3-3-1 所示，其中绷网和晒版一般统称为丝网印刷制版工艺，整个的制版工艺是丝网印刷的基础，如果制版质量不好，就很难得到合格的印刷品。要想得到质量高的丝网印版，就必须严格按照制版工艺的要求，正确掌握制版技术。其中，绷网就是将各种丝网粘贴或钉合到网框上，并能够负荷印刷过程中刮板施加的压力。绷网涂布工艺也分为许多工序，如网的选择、清洗工作，丝网的选择及处理，绷网涂布等。绷网工艺是整个制版工艺的关键，由于绷网的材料和方法不同，丝网印版的质量也千差万别。

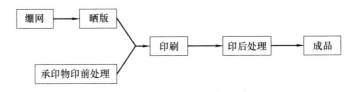

图 3-3-1　丝网印刷的流程图

绷网首先按照印刷尺寸选好相应的网框，同时，裁切相应的丝网材料，把网框与丝网黏合的一面清洗干净。如果是第一次使用的网框，需要用细砂纸轻轻摩擦，使网框表面变粗糙，这样易于提高网框与丝网的黏结力。对于使用过的网框也要用砂纸摩擦干净，去掉残留的胶及其他物质。清洗后的网框在绷网前，先在与丝网接触面预涂一遍黏合胶并晾干。绷网过程中一般选用手工或者绷网设备进行操作，丝网拉紧后使丝网与网框贴紧，并在丝网与网框接触部分再涂布黏合胶，然后干燥，注意黏合胶不宜涂得过厚或过薄，在干燥时，可用橡胶板或软布，边擦拭黏结部分，边施加一定的压力，使丝网与网框黏结得更

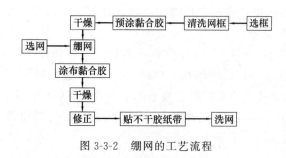

图 3-3-2　绷网的工艺流程

牢固。待黏合胶干燥后，松开外部张紧力，剪断网框外边四周的丝网，然后用单面不干胶纸带贴在丝网与网框黏结的部位，这样可起到保护丝网与网框的作用，还可以防止印刷时溶剂或水对黏合胶的溶解，以保证丝网印版的有效使用。在绷网结束后，为了便于感光胶的涂布，待丝网晒干后，用清水或清洗剂冲洗丝网。绷网的工艺流程如图 3-3-2 所示。

知识二　绷网方式

绷网方式主要有手工网、机械细网、气动绷网、气压期网。

1. 手工绷网

手工绷网是一种简单的传统绷网方式，通常适用于木质网框。这种方法是通过人工用钉子、木条、胶黏剂等材料将丝网固定在木框上。手工绷网的张力一般能够达到要求，但张力不均匀，操作比较麻烦、费时，绷网质量不易保证。这种方法多用于少量印刷和印刷精度要求不高的印品。

常用的压条式绷网（如图 3-3-3 所示）为木质凹槽压条式绷网，其结构是在普通网框需要细网的一面，四边各创出相应尺寸的方形槽口，然后将裁成需要幅面的网布平铺在有槽口的框面上，再用四条分别与各边槽口尺寸相当的压条，两条一组成对地将网布压入槽中，即完成绷网。

器械绷网也称自绷网、卷轴网框。这种绷网方法，多采用较简单的器械辅助手工绷网。

自绷式组合网框本身带有绷网功能，无须另外的绷网设备，同时具有随时调节网版张力的功能。但结构较为复杂，限于制作中、小幅面而要求又不是很高的印件网版。

图 3-3-3　木制凹槽压条式绷网

例举卷轴式网框（如图 3-3-4 所示），四边由空心卷轴管组成，轴管的横截面结构如图 3-3-5 所示，轴管表面带有凹槽，凹槽中还嵌有软质压条。绷网时，网布用压条压入轴

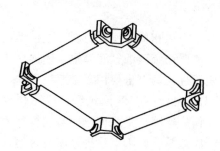

图 3-3-4　卷轴式自绷网框

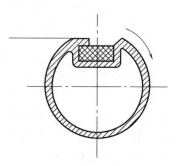

图 3-3-5　卷轴的横截面结构

管的凹槽中，只需将轴管向外徐徐转动，便可达到绷网或增加网面张力的目的。各框角有专用的联结件，各插入联结件的轴端，既有锁紧螺母，还有止退措施，以防止轴管转而造成网面松弛。

2. 机械绷网

机械绷网装置是依靠机械绷网机构，将丝网拉平并固定于网框上的装置。机械绷网的过程包括将丝网固定于夹具，再将丝网向四方拉紧并使网框抬起至与丝网良好接触等步骤。最常见的是平面施力机械绷网装置。绷网时先将丝网嵌入夹板槽内，支架外移时夹板即可夹紧丝网。

机构式绷网机有杠杆式、丝杠式和齿条式之分。

机械式绷网机，依其绷网夹具的形式，也可分为整体夹头式绷网机和同步多夹头式绷网机。整体夹头式绷网机，一般为手动，其结构简单、操作方便、成本低，但绷网张力分布不均匀，适用于较简单的线条、色块印版的绷网。同步多夹头式绷网机，有手动的（如图3-3-6所示），也有机动的，其绷网质量近于气动绷网机。

图 3-3-6　手动机械式绷网机

3. 气动绷网

气动绷网装置是指带有气动拉网器的绷网机。

气动绷网机以压缩空气为气源，驱动多个气缸活塞，同步推动网夹做纵横方向的相对收缩运动，对丝网产生均匀一致的拉力。气动拉网器均匀分布在网框四周，个数取决于网框尺寸及绷网要求，一般为8～24个。气动拉网器产生的拉力取决于气缸的气压与气缸的截面积。气压可在8～10kgf/cm^2（1kgf/cm^2＝98.0665kPa）进行调整。

配合装置以串联形式产生拉力，气动拉网器放置在绷网平台上，绷网时拉网器在网框上靠紧，由拉网器于丝网上产生作用力。

多夹头的可以采用双向气动控制和单向气动控制（弹簧回位）形式（如图3-3-7所示）。

气动绷网机（如图3-3-8所示）的气动源有时可以用压缩空气钢瓶代替压缩气泵，其优点是：投资少、占地小、无噪声、操作方便、易于维修。

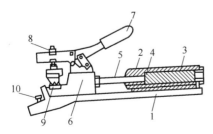

图 3-3-7　气动绷网机夹头结构示意图
1—底托　2—气缸　3—复位弹簧　4—活塞
5—拉杆　6—夹头　7—手柄　8—钳口固定
螺钉　9—橡胶钳口　10—网框支撑螺钉

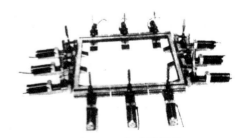

图 3-3-8　气动绷网机

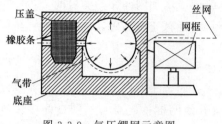

图 3-3-9　气压绷网示意图

4. 气压绷网

气压绷网是由机械夹具将丝网四周夹紧后，依靠气带与丝网之间的作用力将丝网绷紧。绷网器置于网框四周，将网框压紧，绷网时由夹紧的橡胶条将丝网固定在绷网器上，气带充气后产生的膨胀力直接作用于丝网上而将其绷紧。气压绷网示意如图 3-3-9 所示。

边学边练

知识三　常用网框的处理方法

1. 粗化处理

表面光滑的新金属网框使用前必须进行粗化处理，以提高胶黏丝网的牢度；旧网框也必须粗化，以去除旧网框上残留的胶剂。方法是使用装有砂纸或橡胶底基装有纤维圆盘的旋转打磨机进行打磨，如图 3-3-10 所示。砂纸或圆盘的粒度应为 24 号或 36 号。当在网框上操作时，网框表面应该保持水平状态，否则以后涂粘网胶时会遇到问题。图 3-3-11 为打磨后不平行于网框表面，此网框易被溶剂渗透，绷网效果好。

图 3-3-10　带有除尘器的打磨机

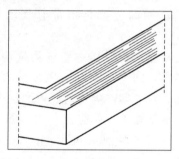

图 3-3-11　打磨后平行网框的表面

2. 打磨边角

切实保证所有边缘和框角都打磨过，没有毛刺。毛刺必须清除，否则会撕破丝网。只有把用过的网框除去留下的丝网、油墨和感光胶，将网框边缘修圆化处理后才能使用，以避免撕破丝网。

3. 去污

网印网框不应该有任何锋利的边缘和尖角，因为这些都会损坏丝网，丝网在绷紧时有可能被撕裂。已经打磨过的网框在使用前必须用溶剂（丙酮等）进行彻底的除脂处理，一定不能使用含油清洗剂。除脂处理之后，如使用精细丝网（压平丝网和其他 100 目以上的丝网），绷网的网框要用粘网胶先涂一层。

任务 1　打磨法处理网框表面

操作步骤

（1）将网框水平放置于工作台上。

（2）将打磨机放置于网框上。

（3）开动打磨机开关，见图 3-3-10。

（4）顺序移动打磨机。

（5）关闭打磨机。

（6）检查打磨质量，见图 3-3-11。

【注意事项】

（1）网框打磨一定要仔细，粘网部位都要打磨到，清除遗留在网框上的全部残留物。

（2）正确使用打磨机，注意将砂纸在打磨机上安装牢固，避免高速旋转时砂纸掉落。

（3）认真学习打磨网框的手法。

技能训练

任务 2　机械绷网

本项目使用木质网框，利用手动绷网机进行机械绷网。

【使用器材】如表 3-3-1 所示。

表 3-3-1　　　　　　　　　　　　机械绷网使用器材

器材名称	使用功能	使用及维护要求
手动绷网机	将网纱以一定的张力绷紧并固定于网框上，以作为丝网印版图文的支持体	要定期对蜗轮、蜗杆等转动件加润脂和润滑油；运动件要经常检查，防止松动
刷子	将胶水涂布到网框上	使用：将刷子沾上胶水，涂布网框 维护要求：使用完立马用开胶水浸泡开胶后用水清洗干净
网纱	在一定的张力下与网框绷紧在一起	维护：将剩下的网纱卷好放回规定位置放置。将网版上的网纱用磨网膏和脱脂剂清洗
吹风机	吹干涂布上胶水的网框	
刮胶条	便于粘网透过网纱与网框表面的底胶接触并粘连	

【质量要求】如表 3-3-2 所示。

表 3-3-2　　　　　　　　　　　　机械绷网质量要求

质量指标	质量要求
网版	网版完好、无破损，网版面无胶水粘附
网框边沿	网框边沿无脱胶现象、网框边沿平整

【操作步骤】

（1）网框的表面处理　用热胶水稀释并除去旧铝框上的胶水残留物。如果是木网框的，用砂纸打磨，除去网框上的毛刺，以免弄破丝网；用砂纸对网框的表面进行打磨粗化，提高丝网与网框的黏合牢度。

（2）预涂黏网胶　网框表面处理后，在其网框表面（黏网面）涂上一层黏网胶。

（3）干燥　用吹风机吹干。

（4）调节机械绷网机　检查网夹是否松动，将绷网台面下降；将四边的拉网夹头（整体）调整到合适位置（一般往里调整，至台面面积最小位置），如图 3-3-12 所示。

图 3-3-12　调节绷网机

（5）绷网　把已烘干的网框放到绷网机工作台上，然后放上网纱，网纱经纬线与拉网方向相互平行，用绷网机上的网夹夹紧网纱，四边手动转动摇柄，均匀拉网。

（6）张力测量　将张力计校准后，放到网纱上面，取五点测量（中心、四角）网纱的张力，读取后记下。若张力不够则继续四边手动旋转摇柄继续拉网，直到网纱张力达到标准张力为止。

（7）升台面　升起绷网台面，托起网框，略高于网纱平面位置即可（高 2～3mm 左右），使丝网与网框上端面产生一定夹角，从而使丝网与网框黏结面良好接触。

（8）涂布黏合胶　用毛刷沾粘网胶水后，均匀的涂布在网纱与网框接触处，可用刮胶条（或用纸块，无硬点）用力在接触面上方刮几下，施加一定压力，便于粘网透过网纱与网框表面的底胶接触并粘连，可用吹风机吹热风干燥。

（9）修整　待胶水完全干燥后，松开网夹，取下网版，然后用刀片切断网框外边四周的丝网。

（10）封边　用单面胶纸带贴紧网纱与网框粘结部位，可起到保护丝网与网框接触面不容易脱胶的作用，防止印刷时溶剂或水对黏合胶的溶解，避免脱胶脱网的现象。

（11）网版标注

【注意事项】

（1）网夹检查　在操作之前应对绷网机进行全面的检查，尤其是网夹是否有污垢、是否有松懈。

（2）网纱检查　在使用前要检查丝网的品种、型号、规格，是否与要求的一致，有无污垢及伤痕。

（3）一般选择正绷网，网纱经纬线与拉网方向平行。

（4）涂布粘网胶时要均匀，最好用刮胶用力刮几下，不要让胶水滴到网框内部的网纱上。

（5）张力要合适，避免拉破网或张力不足，导致网纱松弛。可以采用初拉、重拉方式，减小网纱松弛现象。

（6）绷网完毕后，不要在拉力还未松开的情况下，直接用刀切割边，会因张力太大把网撕破，应先松开网夹后再修边。

（7）绷网前，务必要检查网框表面的平整度，不可有尖点、硬点。

（8）绷网过程要避免浪费网纱。

（9）张力测试，严格来说，要求经纬方向都要测试，确保各个方向张力一致。使用张力计要记得校准。

（10）脱膜操作时最好戴上手套操作。

【常见故障分析】

故障1：网纱破裂

原因：网框上的毛刺弄破、拉网力度过大、被其他硬物碰破。

解决方法：重新换网纱绷网。网框表面打磨处理，去掉硬点、尖点。拉力减小。绷网过程要避免硬物、利器接触网纱。

故障2：网纱脱胶

原因：胶水不够或胶水失效。

解决方法：重新绷网。然后重新选择黏度好的粘网胶水，或者涂布胶水时要多些，要用刮胶用力刮涂。

故障3：胶水滴到网框内的网纱上

原因：涂布时不小心将胶水滴到网纱上。

解决方法：用胶水稀释剂轻轻擦掉。

故障4：网纱松弛

原因：拉网力度不够。

解决方法：重新拉网，加大拉网力度。用张力计及时测量张力大小。

故障5：网纱变形

原因：拉网方向不对、网纱摆放不正确。

解决方法：网纱经纬方向务必与拉网方向保持平衡、一致。

任务四 | 感光胶涂布 🔍

支撑知识

知识一　网版处理

一、清洗脱脂和烘干的作用和方法

（1）为了彻底清除丝网上的油污杂质，以增强感光材料与丝网黏牢的程度和印版耐印力，在涂布感光材料前，必须把丝网清洗干净。

（2）洗净作业方法为手工刷涂相应制剂，使用自动洗净机、喷枪来进行清洗，也有用超声波洗净的。

（3）干燥多采用无尘烘干箱或用热风吹干。

二、脱膜

1. 脱膜

制版失败或印刷完毕，为使网版可再生重复利用，须将膜版从网上除去，这种除膜工

作称脱膜。

脱膜时首先应把印版上残存的油墨彻底清除，否则除膜就很困难，因此必须用溶剂或除垢剂彻底清除残墨。如果版上的油墨是硬化型的，清除就比较困难。去膜剂常用的有漂白粉、次氯酸钠、过氧化氢、氢氧化钠、氨水、高锰酸钾、草酸等。

2. 脱膜剂的使用方法

脱膜要求迅速、简单、安全，特别是对丝网安全。

脱膜用的脱膜剂视感光胶和丝网类型而异，通常商品感光胶同时配有相应的专用脱膜剂。

明胶体系膜版的脱膜方法有以下几种：

① 热水溶胀法。将印版浸于 43～46℃ 热水中，待明胶膨胀后，用刷子擦刷及强水冲净。

② 用漂白剂氧化。通常将漂白剂加 10 倍的水作为脱膜液，作业时先将膜版在热水中泡胀，然后用刷子蘸脱膜液涂刷印版两面，停留少许时间，用高压水冲除。

非明胶体系膜版的脱膜法，如 PVA、PVA＋PVAC 等感光胶，可用的方法有：

① 用高锰酸钾氧化。配制 6% 高锰酸钾水溶液，用丝网滤去未溶晶片，以防止脱膜时割伤丝网。配好的溶液可长期备用。作业时将溶液涂于印版两面，放置 4min，即可水冲。对染色丝网，涂液后放置时间不能过长，否则有褪色的危险。

② 用次氯酸钠或过氧化氢氧化。用 4%～5% 的次氯酸钠溶液或 3% 的过氧化氢溶液涂或浸泡印版，数分钟后用热水冲洗。

坚膜处理过的膜版，用上述方法进行脱模时均难奏效。有的采用强腐蚀剂破坏膜层，但对丝网很不安全，应试验后酌情处理。

一些溶剂型膜版，脱膜时应用相应的溶剂和脱膜剂。必须注意，膜版上若有其他残留物（如油墨、封网胶及油污等）时，脱膜会发生困难。因此，上脱膜剂前应先清除残留物。若在印刷后立即清洗油墨，在清洗后未干前，即行脱膜，可获最佳清洗效果。一些合成高聚物的膜版，被某些乙烯基油墨浸渍，因此在正常脱膜处理后，仍会出现一些残膜（称僵膜），这种残膜需用溶剂去除。

脱膜除手工作业外，还可用专用的脱膜机脱膜。最先进的脱膜机能使油墨清洗、脱膜及去脂三步工作一并完成。由于机器装有温度控制系统，故有很高的脱膜效率；脱洗出的物质，经循环系统过滤后，溶剂得以回收再用，既免污染，又节省溶剂。

知识二   感光胶涂布设备——刮斗

刮斗涂布是让刮斗的前端与丝网接触，让刮斗中的胶液与丝网面均匀接触，并由刮斗前端的刃口刮去多余的胶液，刮斗上下移动，依次进行涂布。刮斗是一种呈船形的涂布工具。其四边中的一边起到刮刀的作用，斗的内部是存储感光液的。刮斗形状有多种，但都有槽和刮刀两部分。刮斗涂布包括手涂法和机涂法。手涂法用的刮胶斗如图 3-4-1 所示，刮斗的刮胶边呈不同半径的圆弧，斗边沿长度方向微凸，以保证涂布的胶层厚薄一致。由于重氮感光胶都呈弱酸性反应，因此胶斗需用塑料或不锈钢制作。即使是不锈钢胶斗，胶液也不宜在斗中久存，否则因氧化作用胶液会起微泡而遭破坏。

刮胶斗的长度随涂布面尺寸而定。图 3-4-2 为我国生产的不锈钢刮胶斗，由 6 种不同长度组成一套，可供不同尺寸的图幅选用。通常图幅面积、胶斗长度及刮胶面积的关系如下：

$$图幅面积 = a \times b$$
$$刮胶面积 = (a+40mm) \times (b+60mm)$$
$$则:胶斗长度 = a+40mm$$

其中，a——短边长；

b——长边长。

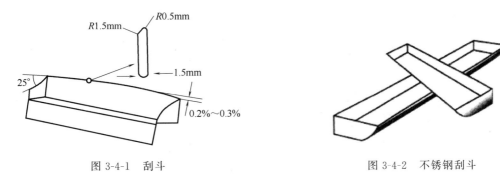

图 3-4-1　刮斗　　　　　　　　　　　图 3-4-2　不锈钢刮斗

刮斗与丝网接触的刃口边，必须保证较高的平整度，不能有碰伤的痕迹。如果平整度低或有碰伤，涂布后的膜层则会出现条痕或膜层厚度不均匀的现象，从而使印刷后的图文出现毛刺和墨层厚度不均匀。刮斗的刃口边沿应光滑，以防在涂布时刮伤丝网。由于绷好的网有一定的弹性，刮涂时容易出现膜的厚度不均匀的现象，即中间部位膜厚而四边膜薄。为避免出现这类问题，通常制作刮斗时使接触丝网的一边略呈一定的弧状。这样可以避免因丝网弹性造成的膜厚不均匀的现象。在制作刮斗时尽量选用不生锈、耐腐蚀、质量好的不锈钢材料或合金铝材料。

技能训练

任务 1　网版表面清洁、脱脂处理

1. 清洗丝网

① 将网版置于带水槽的工作台中。

② 用刷子蘸取 10％苛性钠溶液或专用丝网清洗剂。

③ 刷子转圈清洗丝网两面，见图 3-4-3（a）。

④ 用清水冲净网面，见图 3-4-3（b）。

2. 脱脂

① 将适量脱脂剂涂于丝网面。

② 用刷子刷涂丝网两面，见图 3-4-3（c）。

③ 放置 30～60s。

④ 用高压水枪冲洗丝网两面，见图 3-4-3（d）。

3. 烘干

① 将清洗、脱脂后的网版置于烘干箱中。

② 拨动控制温度旋钮到 40℃。

③ 烘干定时。

④ 到时取出网版。

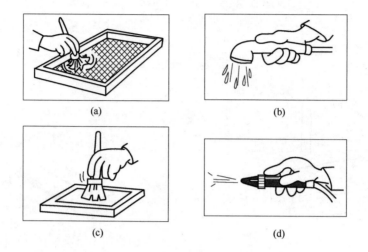

图 3-4-3 丝网的清洁与脱脂处理

(a) 洗网 (b) 清水冲净网面 (c) 除油 (d) 高压水枪冲洗丝网两面

【注意事项】

(1) 清洗丝网不可用一般洗衣粉、洗净剂等，因为它们含有皂化物和硅胶，不易冲净，影响丝网和感光材料的黏结力。

(2) 除脂后的网版，不可再用手触摸。

(3) 除脂操作宜在制版时进行，不可隔日预先准备，避免尘埃或油脂再次污染。

任务 2 除膜处理、回收旧网版

1. 将旧网版置于带水槽的工作台中进行冲洗。

2. 清墨处理

① 在网版面上挤出适量网版清墨剂。

② 用湿刷子刷涂网版两面。

③ 用清水冲洗网版两面。

3. 脱膜

① 戴手套。

② 在网版两面用刷子刷涂脱墨膏。

③ 静置 1min。

④ 用高压水枪冲洗丝网两面。

4. 检查

脱膜后检查网版上的图文部分是否出现油墨的淡迹（鬼影），若有需要进行去鬼影操作。

5. 去鬼影

① 挤出适量除鬼影膏于丝网面。

② 用刷子刷涂丝网两面。

③ 放置 8min。

④ 用高压水枪冲洗丝网两面。

【注意事项】

（1）网版粗化用研磨膏，不能用去污粉、砂纸等物清除，以免堵网和伤网。

（2）选用去膜液应注意环保和腐蚀作用。

（3）戴上橡皮手套操作。

任务 3　感光胶的手工涂布

1. 选取刮胶斗

手工涂布感光胶是采用刮胶斗进行的，因此，选择好胶斗对于胶层的均匀、厚薄的控制是非常重要的。

① 刮胶斗要求采用刮胶边平直、光滑的胶斗槽；侧面是弧面（可在刮胶时调节刮胶厚薄）的不锈钢刮斗。

② 刮胶斗尺寸要与网版及图文面积相适应。

2. 手工涂布

在胶斗中加入 2/3 左右的感光液，如果是小版，即用左手持绷好的网框，右手持刮胶斗，与网版成 60°～70°接触，以均匀的速度、适当的压力，自下而上进行涂布。

3. 连续涂布

自下而上连续涂布两次，接着将网框倒转 180°，同样自下而上连续涂布两次，然后充分干燥。以此作为一个工作过程，要反复进行 3～5 次。根据丝网的目数不同，会有一些不同的地方。涂布面干燥时，会出现光泽。

【注意事项】

手工涂布的质量与涂布的操作方法关系很大，操作时要掌握好涂布的速度、角度和压力，保持涂布操作的稳定。

任务五　晒版　🔍

支撑知识

知识一　晒版机的光源及特点

1. 感光涂层的感光特性

用于印版感光涂层的感光材料均属非银盐体系，与银盐体系相比，它的感光度要低得多，如表 3-5-1 所示。这些材料的感光区间一般是在 300～400nm。

表 3-5-1　　　　　　　　　　　各种感光材料的照相感光度

感光材料	ASA 感光度	感光材料	ASA 感光度
卤化银——用于高感光度印版	$10^2 \sim 10^3$	感光树脂系	$10^{-5} \sim 10^{-2}$
卤化银——用于彩色片	$10 \sim 10^2$	感光络系材料	$10^{-6} \sim 10^{-5}$
卤化银——用于拷贝印相纸	$10^{-3} \sim 10^{-2}$	重氮感光纸	$10^{-6} \sim 10^{-5}$

正因为晒版涂层感光度低，对可见光几乎不感光的特点决定了晒版操作不必在暗室中进行，可在橙色安全灯下进行。

2. 光源的辐射光谱应与网印感光胶的感光光谱（即分光感度）相匹配

两者的峰值波长尽量一致，以使光源能量的利用率最高。对此，比较感光胶的分光感度曲线（见图 3-5-1）与光源的光谱能量分布曲线（见图 3-5-2），就可做出合理的选择。

从图 3-5-1 可知，340～440nm 波长的光为几种感光胶所共有的主感度光，称它为活性光。对光源来说，只要其辐射的能量主要分布在活性光区域内，即可采用。符合这个条件的光源有炭精灯、缸灯、黑光灯、大功率荧光灯、晒版荧光灯、镝灯、碘镓灯及其他金属卤化物灯等。目前，丝网膜版晒版曝光用的光源主要采用金属卤素灯和高压汞灯，已很少使用脉冲缸灯和碳素弧光灯。

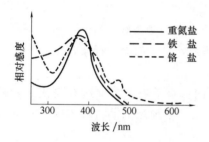

图 3-5-1　常用感光胶的感光光谱曲线

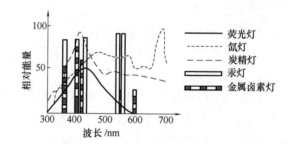

图 3-5-2　常用晒版灯的光谱能量分布曲线

3. 光源的均匀照射

为了使感光乳剂均匀曝光，网版必须均匀地接受照射。对于点光源来说，曝光光源与网版之间的距离将影响曝光性能。一般来说，网版的中间部分 100％接受曝光，而在网版的边缘曝光强度有所减弱，而且网版面积越大减弱强度越多。另外，当点光源发射到不同网距的网框上时，离光源 1m 的 A 处平面上所接收的光能量与离光源 2m 处的 B 平面所接收的光能量是相等的，但单位面积上 A 平面和 B 平面的光能量照度却是不等的，后者是前者的 1/4。这就是点光源所发出的光按照距离的平方打散，因此单位面积内的光能量按距离增大而逐渐减少，这称为照度的逆平方法则。

由于点光源有上述缺陷，所以应采用"平行光源"，可以达到良好的曝光效果。所谓"平行光源"是通过曝光机的光源反射罩将点光源漫射型转换成平行光，这样使到达曝光网框内表面的光能均匀。

如果不需要复制精细线条或网目调也可以使用灯管，如果几个灯管平行安装，它们间隔一定不能大于灯管到感光版的距离。

知识二　晒版的定位方法

一、多色底片的定位方法

1. 规线套准法

①"三中线法"。在图案或文字位置的左、右、上（或下）三方各画出一条直线，其实就是图案或文字位置纵横的"中"线，即图案位置上下间的中线和左右间的中线，这三条中线必须在原稿上事先画好，分色版经照相制出统一的三中线。但要注意，这三中线必须在"成品尺寸"之外，正式印件上是看不到的，因印刷时用"三中线"套准图案，印刷后，裁切成需要尺寸时，三中线就被切掉了。若不用裁切的承印物，印刷时就要将三中线盖住而不能印在承印物上面。

②"十字线法"。在图案长的方向的两端，各画上"十"字线，此十字线也要在成品尺寸以外，而在印纸以内，其原理与"三中线法"相同。图案宽的方向不用画十字线，此种方法常用于幅面较小的图案印刷。

2. 销孔套准法

能提高套合效率和精度，减轻劳动强度。它也是标准化、系统化的一种套准作业，即原稿与分色阳片进行销孔套合，阳图底版与网版也进行销孔套合。

二、底片与膜版在晒版机上的定位方法

多色网印的底版和晒版，都要为印刷的套合做好准备，使分色底版上的套准标记落在各网版的相同位置上。否则会给印刷的上版、换版及套印带来麻烦，甚至造成废版。这里介绍两种定位方法：

1. 量测套准法

预先在各网框的四边框面上刻出中线坐标。当网版建立好感光层后，将框面上的中线，用铅笔轻轻延长到一定长度，使底片上的中线坐标与膜版上的中线坐标重合套准，如图 3-5-3 中的 1、3 及 a、c 或按规定的晒版位置，在网版上求作实际的坐标线，再与阳片套准，如图中 2、4 及 b、d。套准后用胶带粘牢，即可进行曝光。具体的做法有以下两种方法：

（1）第一种方法

① 在各网框的四边框面上画出中线坐标。

② 将框面上的中线用铅笔轻轻延长到一定长度。

③ 使底片上的中线坐标与网版上的中线坐标重合套准如图 3-5-3 中的 1、3 及 a、c

④ 用胶带粘牢。

（2）第二种方法

① 在网版上作实际的坐标线。

② 再与阳图底片套准，如图 3-5-3 中 2、4 及 b、d。

③ 用胶带粘牢。

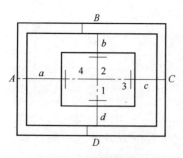

图 3-5-3　分色晒版的定位

2. 销、孔套准法

先做一块透明的配图版，见图 3-5-4，版上绘出网框尺寸及中线，版的上方及左方打有三个孔，孔内插入三个销子，见图 3-5-4 中 b，用胶带粘牢，供网版依靠之用。然后用螺钉或环氧胶将销钉片固定在配图版上。分色晒版时，将配图版置于晒版框内，打有定位孔的阳片套到配图版的定位销上，而网版依靠三个销子定位，这样保证了各网版上图位的一致。

另一种作法如图 3-5-5 所示，将定位销贴到晒版机玻璃上，网框上装以套合夹。晒版时将阳片和网版都套到定位销上。

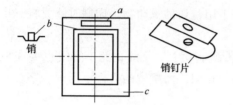

图 3-5-4　装有销的配图版

图 3-5-5　固定有套合夹的网框

边学边练

知识三　曝光时间

一、曝光时间与光源的关系

网版印刷晒版所用光源多种多样，有高压水银灯、氙灯、荧光灯以及金属卤素灯等，由于它们的光谱分布特性、发光强度、光源的热辐射能量功率大小以及点燃速度等因素各不相同，因此，晒版时曝光时间肯定是不一样的。其中影响最大的是光谱分布特性和光源功率的大小。

二、分级曝光法

曝光不足或曝光过度都与掌握时间有密切关系。为此，可将感光版采取分级曝光的方法确定曝光时间。

分级曝光测试法为晒版常用的曝光时间测试法。它是以所计算出来的近似曝光时间为中等曝光时间，然后对同一块网版的各部分进行不同程度的曝光，从而获得最佳曝光时间。

先使网版按曝光时间一半（50％）的时间进行整体曝光，然后用黑纸盖住网版的1/5，再曝光近似曝光时间的 25％。接着继续每次在前一次的基础上按近似曝光时间的 25％进行曝光，并在每次曝光前比前一次曝光时多盖住网版的 1/5。这样，曝光出来的网版就有五个曝光程度不同的区域；冲洗网版，烘干，印出样版；找出最佳的曝光时间；分级曝光测试如图 3-5-6 所示。

（1）第一步：50％轻度曝光。

使整个网版曝光所需时间为50％，即不充分曝光。

（2）第二步：25％轻度曝光。

用挡板挡住网版的1/5，使未盖住的网版部分曝光所需时间的25％。

（3）第三步：25％曝光。

移动挡板，挡住网版的2/5，使网版未盖住部分曝光所需时间的25％。

（4）第四步：25％的过度曝光。

移动挡板，挡住网版的3/5，使网版未盖住部分曝光所需时间的25％。

（5）第五步：25％过度曝光。

移动挡板，挡住网版的4/5，让网版未盖住部分再曝光所需时间的25％。

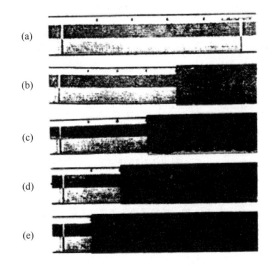

图 3-5-6　分级曝光测试图示

实践证明：在制版中，膜的硬化程度与曝光量成正比。只要曝光时间适当，成像性能好，黏网力就强。因此在制版过程中必须严格控制曝光时间，否则，黏网不良，耐印力下降。

任务1　根据光源确定曝光时间

根据光源设定曝光时间的步骤。

以逐段曝光法为例：

（1）打开晒版机上盖，底片胶膜向上与膜版胶面密合置于晒版机中。

（2）用黑纸逐段遮盖

（3）曝光时间也逐渐增加（时间间隔以10s或20s为宜）。

（4）显影

（5）判断　根据各段硬化的程度，选出最佳的硬化段（硬化适当、易于显影、图像清晰），确定相应的曝光时间。

【注意事项】

晒版的全部工序中，最重要的是曝光条件，如果曝光条件不好，晒版就会失败。曝光是从量变到质变，产生飞跃的关键工序。晒版是制版过程中至关重要的环节。制版质量的好坏往往取决于光源、感光体表面与光源的距离及曝光时间等因素。

曝光条件要依照乳剂的种类、涂布感光胶的厚度、光源的种类、光源至膜面的距离、曝光时间等决定。为此，应预先进行试晒求出合适的数据，根据数据进行实际作业。

技能训练

任务2　晒制多色丝网印版

【使用器材】如表3-5-2所示，包括上个项目完成的底片胶片、涂布了感光胶的网版、透明胶、剪刀、晒版机、拼版台。

表 3-5-2　晒版所用器材

器材名称	使用功能	使用及维护要求
剪刀	剪透明胶	使用完,存放好
晒版机	利用压力(包括大气压力和机械压力),使胶片与感光版紧密贴合,并在特种光源下曝光,使得PS版上的感光膜发生化学反应,从而将原版上的图像精确地晒制在感光版上。把胶片和PS版紧密贴合,再用紫外光曝光。	①勤洗晒版机玻璃台面。用软布或棉纱蘸适量的清洁剂、酒精或胶片清洗剂,将玻璃擦洗干净,尤其是灰尘、油污、感光胶残留物等要洗干净。 ②定期使用吸尘器,清洗橡皮布。 ③定期检查修理真空泵,特别是要定期换油。 ④定期检查橡皮布和机器四周围橡皮垫是否漏气。
拼版台	打开光源在上面进行拼版	使用完,关闭电源,清理干净台面

【质量要求】如表 3-5-3 所示。

表 3-5-3　晒版的质量要求

质量指标	质量要求
图案位置准确	将底片(胶片)放在网版的四面居中的位置
曝光时间	正确的曝光时间取决于感光胶、胶片质量、丝网、感光胶厚度、光源、光距离
显影时间	30~50s
晒好的网版	曝光充分、图文部分的感光胶呈现绿色,非图文部分感光胶为蓝色
显影好的网版	显影完全,图文部分为空白部分,非图文部分为蓝色部分

【操作步骤】

（1）将底片固定在网版合适的位置上，一般放置在网版中心位置处。

（2）擦洗晒版机玻璃台面。

（3）把附了底片的网版，印刷面朝下的放入到晒版机玻璃中央。

（4）闭合橡皮布框架。

（5）设置曝光时间和抽真空时间。

（6）按下曝光启动按钮，晒版机开始抽真空及曝光。

（7）曝光时间到后，设备发出报警声，然后自动停止曝光。

（8）待气压归零后，打开橡皮框架，取出网版，去掉底片，进行显影处理。

（9）将曝光后的网版放入盛水的显影盆或池里，浸泡 2~3min，用手摇晃显影盆或用凉水淋湿网版，以加速显影。观察未见光部位胶膜膨胀脱落，看图文部分是否全部漏空，用洁净的海绵吸附版面水分。

（10）烘干网版　将网版放入到烘干箱里烘，温度控制在40℃左右。

（11）检查网版质量　将网版放到拼版台上，打开光有，迎光检查网版质量。

（12）修版　用毛笔蘸封网浆填堵真空部位，或用透明胶封堵。

（13）封版　用胶带将网框内边缘贴紧，将图案四边以外的漏空网纱部位贴紧，防止漏墨。

【注意事项】

（1）胶片一般放置在网版居中位置晒版。

（2）晒版机要先用抹布沾上酒精清洁晒版玻璃。

（3）晒版时要盖紧晒版机橡皮布框架。

（4）准确的曝光时间要进行测试。

（5）胶片方向不能贴反了。

（6）显影时间不要过久，一般要求在显透情况下，时间越短越好，否则造成感光胶膨胀严重，影响图像的清晰度。而时间过短，又造成显影不彻底，造成废版。

（7）不要轻易使用喷枪进行显影，容易将版上其他封住的感光胶喷洗掉。

（8）修版时，网版要迎光而观察，避免遗漏修补地方。

【常见故障分析】

故障1：图案边缘不够清晰。

原因：曝光过度造成"光散射"，形成侧腐蚀。

解决办法：重新制版，减少曝光时间。

故障2：图案细微部分堵住。

原因：曝光过度、密封不够、胶片本身不够黑。

解决办法：正确控制曝光时间；检查抽真空时间是否足够，确保密合；检查胶片或硫酸纸上图案对应部位是否够黑，用黑笔填涂或重新出胶片。

故障3：图案晒反了或歪斜了。

原因：底片贴反了或贴歪了。

解决办法：重新制版，将胶片重新贴好。

故障4：图案有真空、白点。

原因：感光膜过薄或胶片上有脏点或网版本身涂布感光胶时对应位置有针孔。

解决办法：细小针孔，可用封网浆填堵或透明胶带封住，或用感光胶填涂，然后重新曝光硬化。

故障5：空白部位感光胶整体脱落。

原因：曝光不足或感光胶光敏性不足。

解决办法：重新晒版，增加曝光时间，或重新调配感光胶。

故障6：产生蒙翳现象。

原因：涂布感光胶后烘版温度过高或时间过长、显影不够彻底。

解决办法：烘版时温度控制在合适范围内。显影时要彻底，但时间也不要太久。

支撑知识

知识一   网距

1. 网距的作用

网距是在印刷前，当网版处于最低位置时，丝网印版与承印物之间的距离。这种印版与承印物之间必须留有一定的间隙（网距），是网版印刷本身所独具的特点（如图 3-6-1 所示）。

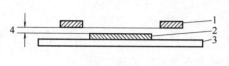

图 3-6-1   网距
1—丝网平台   2—承印物   3—印刷平台   4—网距

丝网印版是以丝网绷在网框上制成的，当丝网处在水平状态时会出现一定的垂度。特别是在刮印过程中，下垂量还会增大。在网印中，刮板与丝网印版是移动性接触，丝网印版与刮板在刮印前和刮印后不能与承印物接触，特别是丝网印版随刮板移动后应离开承印物。如果丝网印版与承印物没有间隙，网版印刷前后始终不能抬起，图文部分就会出现油墨继续渗透和扩散现象，造成图文线条尺寸扩大，使得印刷尺寸的精度下降，造成印刷品的图文模糊。

丝网印版与承印物之间要有一定间隙，这还与承印物运动形式有着密切关系。承印物在印刷时，特别是在成形物（如容器等）曲面印刷时，承印物在印刷的同时还要做圆周运动，有一定间隙就不会出现承印物图文的模糊或线条变形等现象。

2. 网距的测量和控制

有两种途径可以规范和确定网距。许多全自动印刷机和一些手动的网印机具备相应的网距调节功能，问题是多数只能进行粗略的调节，只有少数高档设备配有可读表盘，能够以数字来显示网距的大小。因此，在多数情况下还得靠操作人员自己调节。

在实践中，操作人员已经摸索出一些测量和控制网距的方法和技巧。

① 垫圈测试法。将垫圈放在印刷台的四个角上，然后将网版平放在四个垫圈上，不同的网距则选用不同的垫圈。

② 直尺测量法。把直尺靠紧在网框的底面，直观测出从直尺到印刷平台表面的距离。

③ 网距测试楔测量法。把测试楔依次滑到四边的下面和印刷机平台上，读出用毫米表示的网距的数值。

④ 机械网距仪测量。将网距仪悬于网版的上方，并使仪器在丝网表面时的读数为 0，然后向下压，直到网版与承印物接触，从仪器上读取这一点的数值，再减去丝网和膜版的厚度，便是这一点的网距。

⑤ 电子网距测试仪。这是最近由网版印刷技术基金会（SPTF）推出的一种新式测网距的仪器，是一种更有效、更可靠的电子测试仪器。它在网版的任何位置上都能快速、准确地测定网距，操作简便。

知识二　印刷定位

1. 印刷定位的含义与重要性

定位，是指印件最初进入设备之时，确保其准确位置，这对于需要进行多色套印的印件尤为重要。定位是保证印刷和套印准确的关键环节之一。

手工印刷和使用半自动平面网印机印刷时，主要靠手工续纸，这就要求手工操作位置要准确无误，然而要保证位置准确，就要靠印刷台上定规矩来实现。

2. 平面网印的简单定位法

① 规线定位法。在原稿的四边四角，画上或贴上"＋"定规线，然后在分色、加网、制版、印刷诸工序中都以此规线为准，就能保证施印时的套准精度。此定位法多用于纸张等印刷，印后规线可裁去。

② 边规定位法。这种定位法常与规线定位法结合使用，在进行纸张等直角规矩的网印中经常采用。先将承印物准确地摆放在工作台相应的位置上，在其较长的一边贴紧两个纸规或塑料薄片规（要低于印品）；另一垂直短边贴一个边规，试印无误后，即可按此规矩续放承印物连续印刷，如图 3-6-2 所示。

③ 打孔定位法。打孔定位法是从原稿设计，胶片制作，直至晒版工序，都要在近四角或两角一边居中处打 3～4 个圆孔，或者另贴几个孔规于此位置。在所有制版过程中都以孔为准，这样在试印时再稍做调整，就能较方便地套印准确。这种定位法多用于 T 恤衫印花，如图 3-6-3 所示。

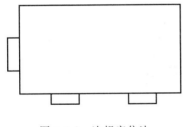

图 3-6-2　边规定位法

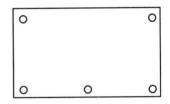

图 3-6-3　打孔定位法

④ 靠角定位法。对于软质、易变形及多孔的承印物，如织物等，则难以用挡规等方法定位。为此，须将若干承印物用粘贴法固定在长条印台上。印刷时，移动网版逐件施印。

将铁质材料加工成直角角规（如图 3-6-4 所示），固定在长工作跑台每个印件的左上角，几个套色的网框尺寸一致，晒版时要使图文准确地放在网版上的相同位置。施印时把印版往角规（如图 3-6-5 所示）两边一靠即可印刷，此法多用在长跑台上，同时印刷面积也不能太大。

⑤ 覆膜定位法。不规则形状或软质承印物，宜用如图 3-6-6 所示的覆膜定位法，即先将一片透明薄膜固定在印台上，并印上图像，然后置承印物在它下面，就能直观地分辨图像和承印物的位置关系。

当印台为透明台面和承印物具有一定的透光性时，通过台面下的光照，能直观地进行承印物和印台对应标记的套准，无须制作定位装置。

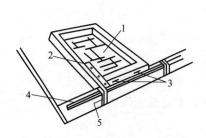

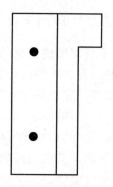

图 3-6-4 角规

1—印版 2—接触片（角规） 3—可调定

位销 4—导轨 5—翼形夹

图 3-6-5 跑版定位

技能训练

任务 1 手工印刷调整间隙

手工印刷调整间隙步骤：

（1）将网框夹在夹框器上，如图 3-6-7 所示。

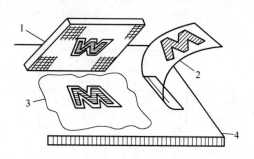

图 3-6-6 覆膜定位法

1—印版 2—透明薄膜 3—承

印物 4—印刷台

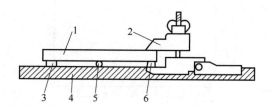

图 3-6-7 手工印刷时丝网印版与承

印物之间的间隙调整

1—印版 2—夹框器 3—垫块

4—印刷台 5—塞规 6—垫块

（2）选用具有一定厚度的垫块垫在网框和夹框器底部。

（3）将网框放在水平位置。

（4）用塞规测量网框底面与印刷台之间的间隙。

（5）用不同厚度的垫块来调节间隙的大小，直到间隙满足印刷的要求为止。

（6）将相应厚度的垫块固定在印刷台上，保持间隙的尺寸不变。

任务 2 手工网印三点定位

手工网印三点定位步骤：

1. 确定承印物与丝网印版的相对位置

① 抬起丝网印版。

② 放置承印物于印刷平台上。

③ 一手扶框落下丝网印版。

④ 另一手移动承印物，使丝网版上的图文、规矩线能完整地映在承印物上。

⑤ 抬起丝网印版。

2. 制作规矩片

① 规矩一般采用纸卡片、金属片或塑料薄片等材料制成。

② 规矩高度一般与承印物高度相同或略低。

③ 固定规矩片。

a. 根据承印物尺寸，在承印物长边用两点定位，短边用一点定点（如图 3-6-8 所示）。

b. 用胶纸或压敏胶将规矩片固定在印刷台中。

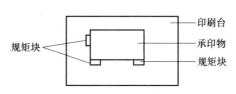

图 3-6-8　手工印刷台定规矩

任务 3　手工印刷

采用手工丝网印刷方式完成本项目要求的在 PVC 上印制迪士尼卡通形象的任务。

任务七　质量控制 🔍

支撑知识

知识一　印刷品质量的含义

人们在评论印刷品质量的时候，总是不由自主地联想到审美、技术、一致性三方面因素，也就是既考虑印刷品的商品价值或艺术水平，也考虑印刷技术本身对印刷品质量的影响。但是，这样的评价方法往往不能可靠地表达印刷品的复制质量特性，只有从印刷技术的角度出发进行评定，才能正确地评价印刷品质量，这种观点得到了国内外大多数专家的赞同。

A. C. Zettlemoyer 为"印刷品的质量"下过这样的定义：印刷品质量是印刷品各种外观特性的综合效果。P. Fike 将印刷品分为网点印刷品和文字、线条、实地印刷品两大类。提出文字、线条、实地印刷品的质量特性是反差、均匀性、忠实性；网点印刷品的质量特性是阶调再现性、均匀性、网点忠实程度。除此之外，对印刷品质量有影响的特性还有：光泽、透印、套印不准、背面蹭脏等。R. Buchdahl 则认为：实地印刷品的质量特性是反差、均匀性、光泽，网点印刷品的质量特性是阶调再现性、均匀性。G. W. Jorgensen 提出决定网点印刷品质量的主要特性有清晰度、阶调和色彩的再现性、均匀性。

由此可见，印刷品的外观特性是一个比较广义的概念，对于不同类型的印刷产品具有不同的内涵。在印刷质量评判中，各种外观特性可以作为综合质量评价的依据，当然也可以作为印刷品质量管理的根本内容和要求。确定支配印刷品各种外观特性综合效果的质量特性，对提高印刷质量具有十分重要的意义。

知识二　印刷品复制质量的内容

C. W. Jorgensen 等指出，前述关于印刷品质量的定义是不够准确的，从复制技术的角度出发，他们把印刷品质量定义为"对原稿复制的忠实性"，这种定义方法对进行印刷复制工艺研究和评价印刷复制各个阶段的质量是方便的。基于这种考虑，本书把印刷品的质量和印刷图像的质量区别成两个不同的概念，即把印刷图像质量定义为"印刷图像对原稿复制的忠实性"。

与印刷品质量的定义相比，印刷图像质量的定义缩小了讨论问题的范围，这样就可以把印刷图像视为二维或三维图画上具有亮暗和色彩变化的一定量单个像素的信息集合（注意，文字也可以作为图形信息处理，所以文字也可视为图像）。印刷图像质量充其量包括两方面的内容：图像质量和文字质量。现将表达图像质量和文字质量的特征参数分述如下，这些质量特征参数既可作为质量评价时的评判参数选用，也可作为质量管理中的目标参数选用。

1. 图像质量特征参数

图像质量特征参数可分为以下四种：阶调与色彩再现、图像分辨率、龟纹等故障、图像表面特性，下面按此顺序进行说明。

① 阶调和色彩再现是指印刷复制图像的阶调平衡、色彩外观跟原稿相对应的情况。就黑白复制来说，通常都用原稿和复制品间的密度对应关系表示阶调再现的情况（复制曲线）。就彩色复制品来说，色相、饱和度与明度数值更具有实际意义。

印刷图像的阶调与色彩再现能力不仅受到所用的油墨、承印材料以及实际印刷方法固有特性的影响，而且也常受到经济方面的制约。例如在多色印刷时，采用高保真印刷工艺就能够取得比较高的复制质量，可是那将是以提高成本为代价的。所以对于以画面为主题的印刷品来说，所谓阶调与色彩的最佳复制就是在印刷装置的各种制约因素与能力极限之内，综合原稿主题的各种要求，产生出多数人认为是高质量印刷图像的工艺与技术。关于最佳阶调和色彩复制的问题后边还将比较详细地叙述。

② 最佳复制中的图像分辨率问题，包括分辨率与清晰度两方面的内容。印刷图像的分辨率主要取决于网目线数，但网目线数是受承印材料与印刷方法制约的。人的眼睛能够分辨的网目线数可以达到 250 线/in，但实际生产中，并不总能采用最高网线数。此外，分辨率还受到套准变化的影响。清晰度是指阶调边缘上的反差，在分色机上，通过电子增强方法，能够调整图像的清晰度。但是，人们至今还不知道清晰度的最佳等级是什么，倘若增强太多，会使风景或肖像之类的图像看起来与实际不符，但像织物及机械产品的图像却能提高表现效果与感染力。

③ 龟纹、杠子、颗粒性、水迹、墨斑等都会影响图像外观的均匀性。在网点图像中，有些龟纹图形（如玫瑰花形）是正常的，但当网目角度发生偏差时，就会产生不好的龟纹图形。影响图像颗粒性的因素很多，纸张平滑度、印版的砂目粗细都与图像的颗粒性相关。

④ 印刷图像的表面特性包括光泽度、纹理和平整度。对光泽度的要求依据原稿性质与印刷图像的最终用途而定。一般来说，复制照相原稿时，使用高光泽的纸张效果较好。在实际印刷中有时需要使用亮油来增强主题图像的光泽。光泽程度高，会降低表面的光散

射，从而增强色彩饱和度与暗度。然而，用高光泽的纸张来复制水彩画或铅笔画时，效果并不太好。使用非涂料纸或者无光涂料纸，却可以产生较好的复制效果。纸张的纹理会在某种程度上损坏图像，通常应避免使用有纹理的纸张复制照相原稿。但使用非涂料纸复制美术品时，纸张原有的纹理会使印刷品产生更接近于原稿的感觉。

2. 文字质量特征参数

最佳文字质量的定文是非常明确的。它们必须没有下列各种物理缺陷：堵墨、字符破损、白点、边缘不清、多余墨痕等。

文字墨层的密度应该很高。实际上，文字墨层的密度受可印墨层厚度的限制。在涂料纸上，黑墨的最大密度约为 $1.40 \sim 1.50$；而在非涂料纸上，黑墨具有的最大密度均为 $1.00 \sim 1.10$。

笔画和字面的宽度应该同设计人员绘制的原始字体相一致。字体的笔画与字面宽度也受墨层厚度的影响。墨层比较厚的时候，产生的变形就会比较大。在一定的墨层厚度条件下，小号字产生的变形要比大号字产生的变形明显得多。为了获得最佳的复制效果，笔画宽度的变化应该保持在字体设计人员或制造人员所定规范的 5% 以内；字符尺寸应保持在原稿规范的 $-0.025 \sim +0.050$mm 以内。

知识三　印刷品质量的评价

印刷界常把评价印刷质量的方法分为主观评价和客观评价两类。主观评价通常是指由人而不是用仪器进行质量评判，可见，"客观"和"主观"这两个词可以看作"仪器的"和"非仪器的"同义词。

通常认为用仪器进行评价是客观的，没有主观影响，但对于仪器方法取得的测量结果进行统计分析证明，仪器方法并不完全是客观的，操作人员对实验结果也会或多或少地产生主观影响，当然，在某些情况下，仪器测量方法根本不受主观因素的影响。

可以推想，非仪器的方法，即由人评判的方法，其主观影响要大于仪器方法中的主观影响。但是就某个或某组评判人员而言，常常可以进行基本上客观的评判，所以给非仪器的方法贴上主观的标签，容易使人产生误解。

评判人员可以根据对主观评判和客观评判提出的不同要求，用不同的眼光观察被评判的样本。例如：如果将主题相同、密度不同的一组图像交给一组评判人员，要求他们按照印刷品的明暗程度客观地评判这些图片的等级，那他们是不难做到的。但是要求他们按照主观爱好（心理加权）来评定图片的等级，评定结果将是完全不同的。在这种情况下，评判结果的精确性下降，图像主题也会成为一个相关因素。应当注意，评判人员的主观爱好也不是没有模式的。主观爱好的一致性程度一般还是比较高的。例如：人们已经发现，与淡黄色新闻纸印刷品相比，大多数评判人员对淡蓝色新闻纸印刷品表现出明显喜爱的趋势。

"实际的印刷品质量"与"感觉的印刷品质量"应当加以区别，从工艺的角度看，这是正确的，从商品的角度看，人们对"感觉的印刷品质量"更感兴趣。实际的印刷品质量虽然可以用仪器测量出来，但却常常选用符合感性印象的单位来表示实际印刷品的质量，就是这个道理。例如：被传送到纸张上的墨量不如印刷品的光密度值那样令人感兴趣，因为印刷品的光密度值是一个对数函数，它可以使实际测量值适应人的视觉心理法则。透印度、蹭脏度也可以用对数函数表达，这样做是正确的。

评价印刷品的质量时，有两种方法可供应用。一种方法是要求评定者根据他们的主观印象进行评价；另一种方法是要求评定者把自己看作一种仪器，从技术角度尽可能客观地评定印刷品的质量。这两种方法存在着细微的差别，通常，应当要求评定人员采用后一种方法。然而，尽可能地进行客观评定并不像人们想象的那么容易，凡仪器必有标度，测量结果都用标度值予以表示，可是将人假定为仪器时，是没有标度的。实际上进行此类形式的评定时，大多数采用成对比较法，使用这种方法，对于被评判的样本集每次取一对进行比较，这是一种最基本的主观评判技术。

成对比较法有一个难题是：人们越能够轻而易举地鉴别出某一样本集中各样本的差别，就越难将不同的样本与标度联系起来。

使用非仪器的成对比较法评价印刷品的质量时，产生的结果表现了评定人员之间的差异，这是因为评判人员评判时的着眼点不一样，导致了评定结果具有多维性。

在印刷品质量评判中，有一个基本的问题是要求评判人观察什么。一般说来，应当使评判过程尽可能简单，并且是一维的，但这并不是容易做到的。例如：在评判凹印品淡色中间调时，规定一维准则是困难的，在这种情况下可以考虑所谓的多维质量评判技术。这也是一种主观评判方法。

除了成对比较和多维分级法之外，还有一些主观评判方法，这主要是：尺度评定法、调整法、极限法等。

关于彩色图像的客观评价方法，本质上是要用恰当的物理量或者说质量特性参数对图像质量进行量化描述，为有效地控制和管理印刷质量提供依据。对于彩色图像来说，印刷质量的评价内容主要包括色彩再现、阶调层次再现、清晰度和分辨率、网点的微观质量和质量稳定性等内容。可使用密度计、分光光度计、控制条、图像处理手段等测得这些质量参数。然而，用测得的数据控制生产过程是一码事，用测得的数据对图像质量进行客观的评价却并非易事。印刷质量参数很少有独立变量，每个质量因素如何影响图像的评价效果及如何影响其他质量参数对图像评价的影响，涉及各个质量参数对图像影响的"加权值"。这些加权值可以用多变量回归分析方法和模糊数学方法求取，也可以采用主观评判方法为客观评价方法决定难以解决的变量相关问题，这就是所谓的综合评判方法。

1. 主观评价

主观评价是以复制品的原稿为基础，对照样张，根据评价者的心理感受做出评价。主要包括以下内容：

① 墨色鲜艳，画面深浅程度均匀一致。

② 墨层厚实，具有光泽。

③ 网点光洁、清晰、无毛刺。

④ 符合原稿要求，色调层次清晰。

⑤ 套印准确。

⑥ 文字清晰、完整，不缺笔断道。

⑦ 印张外观整洁，无褶皱、油迹、脏迹和指印。

⑧ 印张背面清洁、无脏迹。

⑨ 裁切尺寸符合规格要求。

依靠这种没有数据为依据的定性标准来评价印刷品的质量，不能准确客观地反映出印刷品的质量状况，也不能有效地为控制印刷品质量提供依据，只能在印刷结束后简单地进行评定。

主观评价印刷质量主要靠目测，采用的工具主要是放大镜（放大倍率 10～25 倍）。

2. 客观评价

测定印刷品的物理特性为中心，通过仪器或工具对印刷品做出定量分析，结合复制质量标准做出客观评价，用具体的数值表示。

对印刷品的客观评价方法，本质上是要用恰当的物理量或者质量特性参数对图像质量进行量化描述，为有效地控制和管理印刷质量提供依据。印刷品质量的技术特性包括图像清晰度、色彩与阶调再现程度、光泽度和质感等各个方面。在这些特性因素中，有些是可以用数量表示的，如色彩与阶调，在复制过程的各个工序中，可使用密度计分光光度计、控制条和图像处理手段等对这些因素能够加以控制。

3. 综合评价

综合评价是以客观评价的数值为基础，与主观评价的各种因素相对照，得到共同的评价标准。目前，想要把这些测试数值加以综合确认，使之变成控制印刷质量的标准，有待于进一步研究。

印刷品的评价，因为受到很多主观、客观因素的影响，欲想真正地判断质量的优劣并不是件容易的事情。目前，常用的方法是将影响印刷质量的因素，如反射密度、不均匀性、清晰度等，作为一种指数考虑，并通过测试仪器以及标准材料，求得具体的数值，即所谓的印刷适性指数法。

此外，还可以用数理统计方法，将欲评价的印刷品，按主观、客观的排列顺序，最后取其相关数，作为最佳印刷品的指数来评定印刷品。

边学边练

知识四　成品尺寸的检验

1. 产生印刷图文尺寸不准的主要原因

① 网版尺寸不准。

② 印刷机精度不够。

③ 油墨黏度低以及流动性过大。

④ 承印材料形状不一致或材料收缩过大且不一致。

2. 印刷品质量的基本要求

印刷品具有工业产品的一般理化质量特性，如书刊、包装类产品，有严格的尺寸要求，有坚固、防水、防碱、耐晒等质量标准，印刷品还具有特殊的质量特性，如图文色彩、外观、图文信息正确性、防伪性等。

任务 1　检验定位准确度和成品尺寸

1. 检验成品尺寸操作步骤

① 将网印产品置于看样工作台上。

② 准备测量工具。根据印刷品的大小，可以使用直尺、三角板或测长仪等测量工具。

③ 测量。在有尺寸规定的部位测出其长度。

④ 核对。请师傅核对与规定尺寸是否相符。

【注意事项】

① 测量用尺，应使用计量标准认可的 Mc 标注的钢尺。

② 测量部位要准确。

2. 目测印刷品与样张尺寸的一致性操作步骤

① 将批样与印刷品并列设置于看样工作台上。

② 观察批样和印刷品左右或上下任一对称部位的空白处宽度是否一致。

知识五　墨色偏差的检验

1. 主观评价观察的要求

照明、观察的几何条件是影响主观评价的客观因素。理论上，在印刷过程中对印刷品复制进行控制的最佳观察条件应该与印刷品最终的观察环境相符，实际上很难做到，而可以在产品复制过程中要求使用稳定的观察条件。

国家行业标准 CY/T3 规定了印刷行业观察颜色样品的照明和观察条件，它适用于出版和印刷行业对彩色原稿（透射和反射稿）及其复制品观察评定的环境条件。

① 标准照明体。标准照明体是 D_{50} 和 D_{65}。D_{50} 代表色温为 5003K 的典型日光；D_{65} 代表色温为 6504K 的日光。

② 照明条件。透射原稿的照明条件：采用色温为 5003K 的光源，应使光源的光均匀地照射到被观察面上。使观察面的照度（被照物体单位面积上接受的光通量，单位为勒克斯）为 1000±25lx。亮度不均匀度应不大于 20%。反射印刷品的照明条件：观察反射原稿或反射印刷品时，采用色温为 6504K 的照明体 D65。照度应为（800±80）lx，照度的不均匀度不得超过 20%。

③ 观察条件。观察透射原稿时应由来自背后的均匀的漫射光照明，使光垂直于样品表面观察，并尽量将样品放置在照明面的中部，使其至少在三个边有 50mm 宽的被照明边界，当所观察的样品面积总和小于 70mm × 70mm 时，应适当减少被照明边界的宽度，使边界面积不得超过样品面积的 4 倍，多余部分用灰色不透明材料遮盖。

观察反射原稿或印刷品时，光源应与样品表面垂直，观察角 α 与样品表面法线成 45°角，如图 3-7-1 所示。

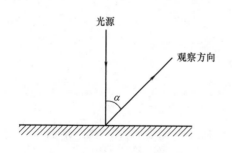

图 3-7-1　反射原稿观察条件

观察面的照度应为（800±80）lx，均匀度不应大于 20%。当观察光泽度较大的样品时，可以调整观察角度以找出最佳观察角。

④ 环境色和背景色。观察面周围的环境应当是孟塞尔明度值 6~8 的中性灰，彩度值（或饱和度）应小于孟塞尔彩度值的 0.3，环境反射光在观察面上产生的照度应小于 100lx。

2. 印刷复制品的墨色要求

印刷复制品的墨色要求是颜色应符合原稿,真实、自然、丰富多彩。

任务 2　检验墨色的偏差

检验墨色的偏差的主要步骤:

(1) 将签样(或原稿)与印刷品并列放置于看样工作台上。

(2) 进行样张与印刷品目测的比较。

(3) 判断印刷品墨色深浅是否准确、均匀。

【注意事项】

检验印品墨色质量,应在符合主观评价观察条件下进行。

知识六　图文清晰度的检验方法

1. 印刷品与原稿、样品的比较检验法

要使印刷品保持稳定的印刷质量,首先要对印刷品抽样检查。一般是把印样和批样相比较,看看是否符合要求;大批量的印刷品,也是用对比法观看质量是否一致,然后再根据比较结果,进行调整。

2. 清晰度

图像细节清晰度包括三个方面的内容:分辨力、敏锐度、细微反差。

① 分辨力是分辨出图像线条间的区别。

② 敏锐度是图像层次轮廓边界的虚实程度。

③ 细微反差是细小层次间的明暗对比。

3. 网印图像边缘出现的锯齿现象

网版印刷由于丝网网孔的影响,致使图文边缘会出现锯齿形毛刺(包括残缺或断线),如图 3-7-2 (a) 所示,而理想的图像应该是印刷墨迹边缘光滑整齐,如图 3-7-2 (b) 所示。

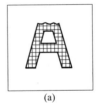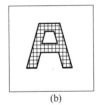

(a)　　　　　　(b)

图 3-7-2　印刷图文的边缘情况

(a) 图文边缘出现锯齿　(b) 理想的图文边缘

4. 放大镜

放大镜是印刷、制版工作者的"眼睛",是不可缺少的检视工具。它具有放大图像、网点或物体的作用,其放大倍率 M 的计算公式如下:

$$M = \frac{用放大镜时像的视角}{不用仪器时像的视角}$$

放大镜的种类有:

① 笔式放大镜,一般有 25 倍、50 倍、75 倍。25 倍用于观察一般网点和测控条;50~75 倍观察细网点和精细测控条。

② 折叠式小型放大镜,一般为 10~20 倍,适用于照相或电子分色时检查网点。

③ 台式放大镜,一般为 15~22 倍,是放置在修版台上供修整和观察网点用。

④ 可调试放大镜,一般为 15~22 倍,用于大面积网点和照相调焦用。

除此之外,还有自带光源的笔式放大镜,一般为 35~50 倍,可调整视差,多用于暗处观察印样和印版。

任务 3　检验图文的清晰度

检验图文清晰度的操作步骤：

① 将印刷品放置于看样台上。

② 目视（或用放大镜）观察图文边缘是否清晰。

【注意事项】

用 10～15 倍折叠式小型放大镜比较印品与批样同部位的边缘。

知识七　油墨附着牢度的检验

1. 网印油墨附着牢度的重要性

油墨是网版印刷中最重要的材料，在整个印刷过程中占有极其重要的地位，因为网版印刷的对象相当广泛，如纸张、金属、塑料、玻璃、木材、陶瓷和各种纺织品等，所以正确掌握油墨的性能是顺利进行网版印刷必不可少的条件。

选用印刷油墨有各种目的，如印刷刻度板、广告为了传递信息和美观；为了印刷电路必须使用导电油墨等。这些都要求油墨在承印物的表面上有良好的附着牢度。

网印油墨最突出的一个问题是印刷后油墨在承印物上的固着牢度，没有固着牢度，就等于没有印刷，还会造成很大的浪费。固着牢度问题涉及油墨与承印物的粘接机理。

润湿是承印物与油墨产生粘接力的必要条件。

2. 与墨膜附着牢度及持久性相关的因素

墨膜硬度、耐摩擦性、耐磨损性、耐气候性等。

3. 检测油墨附着牢度的简单方法

① 粘揭法。

② 硬度铅笔测试法。

③ 弯折法。

任务 4　检验油墨的附着牢度

检验油墨附着牢度的方法和步骤如下：

1. 粘揭法

① 用锋利刀片与试样表面呈 35°～45°倾斜角，划成 100 个 1mm×1mm 的方形格子。

② 将胶带粘贴于墨膜层上。

③ 用力迅速地撕掉胶带。

④ 观察有无粘下墨膜小块以及粘下的墨膜块数。

2. 硬度铅笔测试法

① 备料

a. 一组中华牌高级绘图铅笔 6H、5H、4H、3H、2H、H、HB、B、2B、3B、4B、5B、6B，其中 6H 最硬，6B 最软，由 6H～B 硬度递减。

b. 削笔刀。

c. 400 号砂纸。

② 准备工具。用削笔刀将铅笔削到露出柱形笔芯 5～6mm（切不可松动或削伤铅

芯），握住铅笔使其与 400[#] 砂纸面成 90°，在砂纸上不停画图，以摩擦铅芯端面，直至获得端面平整、边缘锐利的笔端为止（边缘不得有破碎或缺口）。

③ 测试。把涂墨印件固定于水平面上，握住已削好的铅笔，使其与涂漠成 45°角，用力（此力大小以使铅笔端缘破碎或型伤墨膜为宜）以大约 1mm/s 的速度向前推进（如图 3-7-3 所示）。从最硬的铅笔开始每级铅笔犁五道 3mm 的痕，直至找出五道痕都不犁伤墨膜的铅笔为止，此铅笔的硬度即代表所测墨膜的铅笔硬度。

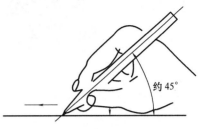

图 3-7-3　手工试验示意图

3. 弯折法

① 把印刷面反复弯曲。

② 观察折痕处的油墨是否剥离。

③ 判断。如果油墨剥离，那么它的粘接强度就弱。

【注意事项】

① 用锋利刀片在印品上划方形小格时，用力不可过大，掌握到刚好穿过墨膜层，到达承印物的表面。

② 铅笔每使用一次后要旋转 180°再用，或重磨后再用。

项目四　网目调丝网印刷

项目描述

　　某公司要定做大批量视觉冲击力强、颜色鲜艳的精美网目调宣传页。图案等相关设计要求客户已制定。以铜版纸为承印物，要求印刷层次好，膜层厚，光泽度高，视觉冲击力高。

项目分析

　　根据客户要求公司需要对提供图案进行分色处理，然后用胶片输出，因订单量比较大，所以需要用半自动丝网印刷机来提高生产效率。经与客户协商，选择157g铜版纸作为承印物，网目调图像绷网需要较高拉力，为防止变形使用铝合金网框；丝网采用进口黄色防光晕网纱；重氮感光胶；UV四色油墨进行半自动丝网印刷。

知识目标

　　熟悉四色网点丝印对丝印承印物和油墨的选择原则；熟悉四色网点丝印在网纱、网框及刮板等方面的要求，并合理选择；掌握四色网点丝印对印前原稿的要求，并掌握相应的调整方法；熟悉四色网点丝印在胶片输出时的参数设置要求，如加网线数选择、网点形状选择、加网角度设定；掌握四色网点丝印在绷网、晒版时的注意要点；掌握四色网点丝印油墨黏度调节方法；掌握半自动丝印印刷机的操作和维护方法；熟悉四色网点丝印龟纹产生的原因，并能通过工艺和印刷上的调节，减小龟纹。

能力目标

　　能够针对四色网点丝印要求，合理选择丝印的承印物、油墨、网框、网纱、刮板等材料和设备；能够对四色网点丝印图像进行印刷处理，并进行胶片输出的设置；能够晒制合格的较高精度的四色丝印网版；能够根据印刷要求，调节四色网点丝印油墨的印刷适性；能够使用半自动丝网印刷机进行网点套印，并达到合格的套准精度；能够分析四色网点丝印在整个生产过程中出现的问题，并及时解决；

任务一　印前设计及底片制作　🔍

支撑知识

知识一　图像的阶调层次

　　图像的阶调层次是指图像中从亮到暗的变化的范围和等级，以及亮暗之间的密度数据分布状况。阶调和层次再现直接影响复制图像的质量。当原稿阶调得到最佳复制时，图像会表现出赏心悦目的反差，图像中人眼敏感的细微层次也能得到充分表现；反之，如果阶调复制不佳，图像则显得晦暗不明，反差不够，亮调不亮，暗调不暗，颜色不鲜明。良好的阶调复制不仅可以忠实的反映原稿的反差，而且还可以改善不良原稿，适当校正原稿阶调，从而得到比原稿更佳的反差，达到二次创作的效果。但是阶调、层次并不是同一个概念。

1. 阶调

阶调指的是图像信息还原中，一个亮度均匀颜色的光学表现，是一个表示亮暗等级的数值。阶调定性地描述了像素的亮暗程度。阶调值常用反射（透射）密度值或网点覆盖率来表示。阶调值高表示像素或像素组的亮度大；阶调值低，像素或像素组的亮度小。用通俗的语言解释就是，阶调值高对应的图像亮，阶调值低对应的图像暗，用阶调值表示图像的亮暗层次。

2. 层次

层次是图像中从亮调到暗调之间的一系列密度等级数量，它表示图像的深浅浓淡的变化。层次的多少决定画面上色彩的变化和质感，它是由阶调值构成的。

其实，无论是阶调，还是层次，它们都是密度的函数，都是密度值变化引起的视觉感觉。在彩色印刷复制过程中，阶调层次的再现实质上就变成了密度的再现。

另外，下列专业术语也是在描述图像阶调层次时经常会用到的。

① 连续调图像。从高光到暗调浓淡层次连续变化，并且像素是一个接一个、紧密相连、无断续的图像，图像中看不出有层次的跳变。各种有层次变化的原稿，如照片、由原稿扫描得到的图像以及由数字相机拍摄的图像都认为是连续调图像。

② 网目调图像。相对于连续调图像而言的一种图像。从宏观上看，网目调图像也是阶调层次连续变化的，也有丰富的层次，但它的层次是由许多不连续的油墨网点组成的，各网点之间有空隙，不是完全连接在一起的。通过油墨网点的大小改变或者数量改变，使网点与空隙的比例发生改变，使得图像深浅明暗也发生相应的变化。印刷到纸上的油墨量大，露出的空白少，则图像的颜色就深，反之则颜色浅。

③ 亮调。图像明度较大的阶调范围，相当于印刷中十级梯尺的 1～3 成网点。

④ 暗调。图像明度较小的阶调范围，相当于印刷中十级梯尺的 7～9 成网点。

⑤ 中间调。图像明度介于亮调和暗调之间的阶调范围，相当于印刷中十级梯尺的 4～6 成网点。

⑥ 高光。原稿的光亮部位，相当于印刷中十级梯尺的 1 成以下网点。

⑦ 光辉点（极高光）。原稿最亮的一点，指印刷品绝网（无油墨）区域。

在图像处理中，一项非常重要的任务就是调整图像的阶调层次，通过阶调的调整使图像中各阶调的层次看上去更协调，对比度合适，图像透亮，具有更好的表现力。通常，数字图像的每一种原色的阶调可以取 256 级或 100 级（CMYK 图像）这种图像阶调的调整工作是在 Photoshop 软件中完成的。Photoshop 可以改变图像中每一个像素的颜色值，从而改变图像中阶调的分布，达到提亮、减暗图像或增加图像对比度的作用。图 4-1-1 是 Photoshop 中图像→调整→曲线菜单调出的阶调曲线调整功能界面，是最常用的图像阶调调节方法之一。

图 4-1-1　用 Photoshop 的曲线功能调整图像层次

(a) 调暗　(b) 原图　(c) 调亮

　　调整界面中的曲线称为图像的阶调复制曲线，代表了原始图像与复制到承印物上图像的阶调变化关系。横坐标为原始图像的阶调层次，纵坐标代表复制的图像层次。因此对灰度和 RGB 图像，曲线向下弯曲代表复制图像比原始图像变暗，曲线向上弯曲表示复制图像变亮。对于 CMYK 图像则相反。

　　如图 4-1-1 所示，图 4-1-1（b）为原图，图 4-1-1（a）是在原图的基础上将阶调曲线调暗的结果，图中的每一个像素都按调整曲线的关系发生改变。使图像整体变暗。图 4-1-1（c）是在原图的基础上调亮的结果。可以看到阶调曲线与图 4-1-1（a）发生了相反的改变，使图像整体提亮。

知识二　网目调图像的复制原理

　　网点印刷又称半色调印刷。印刷中表达层次的方法较多，常见的方法有两类：一类是连续调层次表达法；另一类为半色调层次表达法。反射原稿的画面，从高光到暗调部分的色调浓淡层次是以连续不间断地由深到浅或由浅到深均匀密度形成的，叫作连续调。如不加网的分色阴图底版、黑白照片的底版和画稿及照片等都是连续调的。若图像从高光到暗调部分的浓淡层次是用网点表现的，都叫作半色调。

　　网版印刷，除实地色块图案、文字、线条外，都是用半色调网点的大小，再现浓淡深浅的阶调层次，代替原稿上连续色调，完成原稿复制。网点为什么能够逼真地再现原稿上的连续调层次呢？这是因为原稿图像经加网后，把原稿图像分割成无数个大小不等的网点，即把连续调图像信息变换成网点图像信息颜色合成时，由于各个大小不同的网点以不同的角度，套印在一起或相距很近，在光线的作用下，网点上的油墨对光线进行选择性吸收和反射，反射出来的那一部分光线，经过空间混合，作用于人的眼睛（感色神经），使人的眼睛产生错觉，看起来就像是连续调似的。实际上，网印品上的每一个网点所站的空间位置是相等的，人们所看到的色调的不同，是自于每一个网点所占的空间面积大小不同所致，而色调的深浅是由该网点空间的反射光强度来决定的。

目前常用的各种印刷方式中，除凹印可以由墨层的厚度在一定程度上发生改变而产生一定的阶调改变外，几乎所有的印刷方式都只能在承印物上产生有墨和无墨两种状态，不能直接印刷出图像的阶调变化。要得到有层次的图像，必须使用加网技术，即将连续调图像表现的明暗和颜色变化，用不连续的油墨网点来模拟，用油墨网点大小或多少的变化来模拟出图像的层次和颜色变化。

加网技术的本质是将原来连续的图像分解为不连续的油墨网点，网点间由空白点分隔，用油墨网点与空白点的比例来调整图像阶调的明暗。这种由不连续的油墨网点构成的图像就称为网目调图像。

对于网目调图像，在一定距离以外观看时，其密度变化是近似连续的；但是放大局部图像，可发现画面上是网点构成的花纹。这是由人眼的视觉特点造成的。

知识三　网目调分色加网原理

一、网目调分色原理

电子分色机和彩色桌面系统都是采用扫描分色方式，即将照明光用透镜汇聚成一个极小的光点照射到原稿上，用光电器件将色光转换为电信号，构成扫描图像的像素。扫描光点逐行由原稿的一端扫到另一端，逐个读取每个像素数据，得到 RGB 数据，经分色后得到原稿上每个像素点所对应的油墨数据。

图 4-1-2 是通过扫描仪进行颜色分解的示意图。原稿上各种颜色经光源照射后反射或透射出不同波长的色光，经过红、绿、蓝滤色片后，有些光被吸收，有些光透过滤色片照

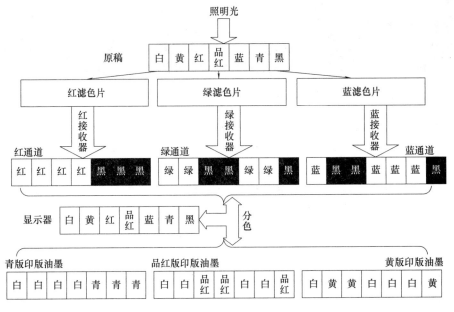

图 4-1-2　颜色分解与分色示意图

射到扫描仪的光电接收器上，被光电接收器转换为红、绿、蓝电信号。将红、绿、蓝电信号数字化后记录下来就形成了图像的电子文件，这个电子文件就是扫描仪得到的扫描图像，图像的每一个像素对应一组 RGB 数值，这组 RGB 数值就是该像素的颜色值。在计算机上打开这个电子文件，按文件中的 RGB 数值显示到显示器上，显示器上红、绿、蓝荧光粉所发出的光经过加色混色就形成了原稿的颜色。如果将电子文件中的 RGB 数值进行分色，不同的 RGB 数值就组成了不同的 CMYK 值，这就是分色片和印版上的网点百分比。这就是颜色分解和转换为油墨数据的过程。

二、调幅网点的特性

调幅加网有三个重要的参数：加网线数、加网角度和网点形状，称为加网的三要素。

1. 加网线数

加网线数也称为网目线数，是指在网点排列距离最近的方向上，单位长度内网点中心连线上所排列的网点个数。衡量加网线数的单位是线/in，用 lpi 表示，或者是线/cm，用 lpc 表示，二者的换算关系为 1lpi＝2.54lpc。

印刷品加网线数的高低直接影响图像的目视质量。加网线数越高，单位面积内容纳的网点个数越多，网点尺寸越小，图像细微层次表达越精细，阶调再现性越好；加网线数越低，单位面积内容纳的网点个数越少，图像细微层次表达越粗糙，阶调再现性越差，如图 4-1-3 所示。图中从左开始向右，图像的加网线数依次降低，目视效果逐渐变差，由此可以看出不同加网线数对图像再现清晰度的影响。

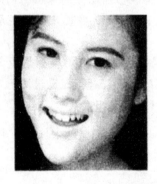

图 4-1-3　不同加网线数对图像清晰度的影响

当然，加网线数是由复制精度的要求、印刷品的用途及观察距离、承印材料的性能、印刷机的精度等多个因素决定的。网版印刷的加网线数一般小于 80lpi。

2. 加网角度

加网角度也称网线角度，是指相邻网点在距离最短的连线与水平基准线的夹角。如图 4-1-4 所示。采用加网角度的目的有两个：一是使各个颜色的网点不重合在一起，而是错开一个小距离，形成有叠印、有并列的形式，可以充分发挥出各原色油墨的效果；二是为了避免出现印刷龟纹。

因为调幅网点是有规则、周期性分布的，使调幅加网技术存在一个先天的弱点，即不可避免地要产生龟纹。在光学中，当两个空间周期相差较小的图纹重叠时，会出现一种具有更大空间周期的图纹，称之为莫尔条纹，如图 4-1-5 所示。所生成的莫尔条纹的周期

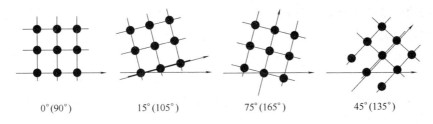

0°(90°)　　　　15°(105°)　　　　75°(165°)　　　　45°(135°)

图 4-1-4　加网角度示意图

（间距）大小与两个因素有关：一是两空间周期之差，周期差值越小，莫尔条纹间距越大；二是两空间周期的夹角，当周期相同时，周期间夹角越小，莫尔条纹间距越大。

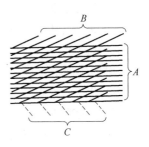

图 4-1-5　两组平行线群引起的莫尔条纹

龟纹指由于各色版所用网点角度安排不当等原因，印刷图像出现不应有的花纹。

龟纹的产生，是两个以上空间周期相差较小的图纹重叠时相互干涉的结果。龟纹的大小，与两个图纹的空间周期差及夹角有关，周期差越大，龟纹越小，反之则大。

网目调印刷品是由有规律的网点排列组成的，这是出现龟纹的第一位的原因，并不仅限于网点，所有规则排列的图案，如果两个以上重叠的话，都会发生互相干涉而时常出现一种不甚清楚的图案。如图 4-1-5 所示，具有一定间隔的平行线 A 和另一组具有一定间隔的平行线 B 重合，出现一个图案不甚清楚的平行线组 C。

同样，由于彩色印刷品是由四色或四色以上色版套印，且各色版上的网点都是周期性排列的，相互叠加必然产生莫尔条纹，印刷中称之为龟纹，如图 4-1-6 所示。可以说龟纹是莫尔纹在印刷品上的体现，龟纹影响图像的视觉效果，使图像变得粗糙。

图 4-1-6　不同加网角度印刷叠合后的效果

3. 网点形状

指 50％网点的形状，常用的网点形状有方形、圆形、椭圆形、链形等。在印刷中，不同的网点形状对印刷图像的阶调层次有不同的影响。

① 印刷网点的变化规律

a. 印刷网点增大的必然性。在印刷过程中，网点由于受到机械挤压、油墨的流体扩展以及纸张的双重反射效应，会造成承印物上网点面积比印版上相应部分的网点面积有所增大，这种适当的增大属正常现象，但一定要控制在允许范围内，并进行数据化管理。

纸张的双重反射效应会造成网点增大，当白光照射到白纸上，由于纸张纤维的吸收作用，只能反射 80％ 的光。光通过油墨层是减色反射，如青墨可反射蓝光、绿光，吸收红光。在油墨交界处，白光照射后仅能反射入射光的 10％，人眼看上去印刷网点周围仿佛有印迹，而产生网点增大 4％～10％ 的感觉。

b. 网点面积增大与网点边缘长度成正比。

② 不同形状网点与阶调再现

由于 50％ 方形网点的周长最大，在印刷过程中，如果墨量稍有一点变化，在此处网点的增大比其他网点百分比的网点增大许多。也就是说，若采用方形网点，则在图像的阶调层次中的中间部位上，由于网点的搭接会造成密度的突然上升，因而破坏了阶调曲线的连续性，造成某阶调区域的层次损失。例如，肤色恰好处于黄、品红版的中间调，由于网点的突然扩大造成阶调极其生硬，缺乏细微层次变化。方形、圆形、链形网点的搭接状况以及由此引起的密度跳升，可见表 4-1-1。

表 4-1-1   不同形状网点搭接部位、图形与密度跳升

点形	搭接部位	搭接图形	密度跳跃
方形	50％		印品密度 / O 50％ 网点百分比
圆形	约 70％		印品密度 / O 50％ 网点百分比
链形	约 40％ 和 60％		印品密度 / O 50％ 网点百分比

4. 网点大小

网点大小是指一个网点在单位总面积里所占的比例，是调幅加网方法控制印刷阶调的手段，通常以"成"表示，每一成代表 10％ 的网点。如一个网点面积占单位总面积的 30％，则称为三成，占单位面积的 10％ 则为一成，以此类推，一般把网点面积比例的大小分成 10 个阶层。一般连续调图像的暗调部分网点百分比的范围为 70％～90％；中间调部分网点变化范围为 40％～60％；亮调部分网点变化范围为 10％～30％。特殊的 100％ 网点区域称为实地，0 网点区域称为绝网。另外，识别网点的成数也有阴阳之分因此判断网点大小首先要分辨观察对象是阴图网点还是阳图网点。对阴图网点图像要看透明点的大

小判定成数，对阳图网点图像要看黑点的大小判定其成数多少，大于50％的网点用相反的方法来判断。

印刷网点可以使用放大镜进行目测。目测法是观察相邻两个网点之间的间距大小来判断两点成数的方法。如图 4-1-7 所示，对于阳图来说，如果两个网点之间可以容纳三个等大点，则可以判断其为一成网点，如左上第一个图所示；如果两个网点之间可以容纳 15 个等大网点，则为三成网点，如左上第二

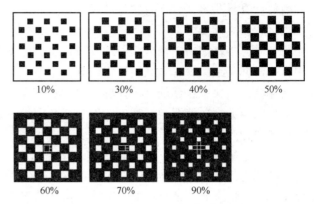

图 4-1-7　目测法识别网点成数

个图所示；如果两个反像网点之间可容纳两个等大反像网点，则为八成网点；其他以此类推，各网点成数的判断关系如表 4-1-2 所示。

表 4-1-2　　　　　　　　　　　　　　目测法判断网点成数

网点成数	1	2	3	4	5	6	7	8	9
相邻网点之间可容纳等大网点（或白点）的个数	3	2	$1\frac{1}{2}$	$1\frac{1}{4}$	1	$1\frac{1}{4}$	$1\frac{1}{2}$	2	3

三、计算机处理图像的特点

（1）图像是由许多组成图像的基本单元像素按行和列排列而成，每一个像素都可以具有特定的颜色，因此图像中颜色的变化和层次的变化非常丰富。

（2）组成图像的像素数多少决定了图像中包含信息量的大小，通常用单位长度内包含的像素数来表示图像中信息量的大小，用每英寸的像素数（dpi）或每厘米的像素数（dpc）表示，称为图像的分辨率。对于数字图像来说，图像的分辨率直接关系到图像的清晰度和质量。例如同一幅原稿，分别用 150dpi 和 300dpi 的分辨率来扫描，后者的精度要比前者高一倍，即后者提取两个像素前者才提取一个，后者比前者从原稿中提取了更多的信息，所组成的图像就更精细；反过来说，在扫描时前者比后者丢失了更多的信息，采样不精细，因此比后者的图像质量相对要差。

（3）图像中包含的像素越多，在保证相同印刷质量的前提下，所能够印刷的图像尺寸就越大。在相同像素数量的条件下，印刷的尺寸越大，相当于印刷图像的分辨率被降低，因为尺寸变大，像素数没有增加，单位长度内的像素数少了，因此印刷图像的质量就会变差。因为印刷加网线数与图像分辨率有如下关系（正常情况下质量系数＝2.0）

图像分辨率（dpi）＝印刷的加网线数（lpi）×质量系数

因此，一旦图像分辨率确定后，不能随意改变图像的尺寸，否则会影响印刷品的质量。

（4）在计算机中进行图像处理时，图像处理软件可以对图像中的每一个像素进行处

理，因此计算量非常大。而且图像的尺寸越大、分辨率越高，图像文件就会越大，处理的速度也会越慢。例如分别用150dpi和300dpi分辨率扫描同一幅原稿，后者的图像文件大小是前者的4倍，因而图像处理时的计算量也会大4倍，速度会相应变慢。因此在制作过程中要尽量使用小图像，并且使用组版软件来组合版面元素，避免用图像方式制作整个版面，这样可以加快制作和处理的速度，也有利于提高文字的印刷质量。

（5）图像分为二值图像、灰度图像和彩色图像三种颜色模式，这三种模式可以在图像处理软件中相互转换。二值图像是没有图像层次的线条图（如图4-1-8所示），与图形软件绘制的线条图效果类似，但是由像素点阵形成而不是由曲线形成的，适合制作公司标志、图标等无层次变化的对象。灰度图像是单色有层次变化的图像（如图4-1-9所示），如黑白照片，适合制作单色（但不限于黑白）的图像。彩色图像常用的有RGB和CMYK模式，一般数码相机拍摄的图片、扫描仪扫描的图像都是RCB模式的，在图像处理软件中也应该尽量使用RGB模式图像进行处理，因为RGB图像文件相对CMYK图像文件小，处理速度相对快一些。但RGB图像不能直接输出印刷，输出前必须转换为与印刷油墨颜色相对应的CMYK模式。CMYK模式的颜色对应印刷的油墨颜色，其数值代表了印刷的网点百分比。因此所有图像在输出前都要转换为CMYK模式，这个颜色转换操作称为分色。

图4-1-8　黑白线条图像

图4-1-9　灰度图像

在描述一幅图像或评价图像质量的时候，我们通常会从图像颜色、层次和清晰度三个方面入手。而在彩色图像的印刷复制过程中，图像的颜色、阶调层次和清晰度的再现和还原也是保证印刷品质量的三大要素。

四、加网技术基础知识

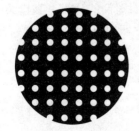

图4-1-10　玻璃网屏

网点的形成因印前图像处理方式不同而有所不同，最早采用照相分色加网方式，这种方式采用网屏工具来形成网点。

玻璃网屏是由两块特制的光学玻璃，按照规定的线数，进行精心刻画线条与化学处理成为等宽黑白平行直线，并垂直胶黏而成，如图4-1-10所示。玻璃网屏形成网点的过程如图4-1-11所示。随着印刷技术的发展，玻璃网屏已被接触网屏所代替。

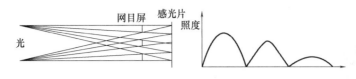

图 4-1-11　网屏形成网点的过程

接触网屏是一种需要与感光材料紧密接触的薄膜式网屏，与玻璃网屏不同的是接触网屏的透明小方格的透光能力有一定的变化，即中心透光能力强，四周的透光能力依次递减，如图 4-1-12 所示。

一般的原稿具有很多的密度等级，为了便于说明，现以灰梯尺为原稿，使用接触网屏加网，将梯尺由连续调变为网点调图像，网点形成的机理如图 4-1-13 所示。图中，A 为连续调透射原稿（灰梯尺），其密度从左向右逐级降低。从光源发出的光线首先透过原稿，密度较低部分透过的光量最多，密度越高，透过的光量越少。B 为接触网屏的密度分布。C 为感光材料黑化的临界光量，表示只有达到感光材料的光量大于该临界光量时，才能使感光材料感光形成密度。D 为形成的网点大小。

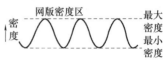

图 4-1-12　接触网屏

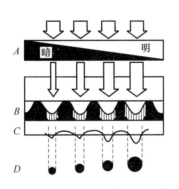

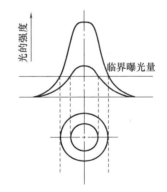

图 4-1-13　网点形成的机理

由于网屏的网孔呈现有序的排列，可以有规律地调节通过光量，因此，形成的网点在空间的分布不仅有规律，而且单位面积内网点的数量是恒定不变的，原稿上图像的明暗层次依靠每个网点面积的变化，在印刷品上得到再现。对应于原稿墨色深的部位，印刷品上网点面积大，接受的油墨量多；对应于原稿墨色浅的部位，印刷品上网点面积小，接受的油墨量少。这样便通过网点的大小反映了图像的深浅。

无论在电子分色处理系统中，还是在数字化印前图像处理系统中，都是采用电子加网方式形成网点，只不过在电子分色中由网点发生器形成网点，而在数字化印前图像处理系统中则是由 RIP（栅格图像处理器）形成网点。

电子加网形成的网点是由若干个曝光点组成，如图 4-1-14 所示是一个单独网点的放大图。曝光点的大小与输出设备的分辨率有关，输出设备的分辨率越高，曝光点就越小。如果一个网点是由 N×N 个曝光点组成，当所有的曝光点都曝光时，则形成一个 100% 的

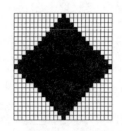

图 4-1-14 电子加网形成的网点

网点，而当所有的曝光点都不曝光时，则形成一个 0% 的网点。计算机根据分色图像信号数值的大小就可对曝光点进行有选择地曝光，从而就形成了不同特征、不同网点百分比的网点了。

知识四　激光照排制版

在计算机中制作的版面必须要先输出成底片，才能用底片进行晒版。丝网印刷晒版使用的底片一般为正阳图，即有图文的区域为黑色，空白区域透光，对着底片药膜面观察时的图文是正向。

底片的输出方式有多种，要根据制作的精度要求合理选择。照排机是输出底片的专用设备，记录精度一般在 1200～3000dpi。一般激光打印机的记录分率在 600～1200dpi，适合在纸张上打印，也可以打印在经过特殊处理的专用胶片上，但打印在胶片上的墨粉容易脱落，打印的精细程度也不太高，打印的胶片会有变形，只有在精度要求不高时使用。

在制作网目调底片时，底片的输出要使用照排机才能保证输出精度，因为加网图像的网点都很小，输出设备精度不高会造成阶调层次的损失或图像缺陷，直接影响晒版质量。对于彩色分色片，输出精度不高还会造成套印的误差。

激光照排机是常用的输出设备，是能在胶片或相纸上输出高精度、高分辨率图像和文字的光机电一体化打印设备。它既可以输出单色胶片，又可输出四色胶片。可以代替电子分色机做发排工作。激光照排的工作原理是：采用激光平面扫描的方式，由氮—氖激光器输出激光束，经计算机处理后的字型，通过多面转镜投影聚焦在感光材料上，形成文字的版面。它的特点是输出精度要求高，输出幅面大，因此设备的制造难度大，价格贵。

照排机主要有三种结构类型：外滚筒式、绞盘式和内滚筒式。不同结构的照排机在性能参数及操作使用上都有所不同。

1. 外滚筒式照排机

外滚筒式照排机的工作方式与传统电分机的工作方式类似，记录胶片附在滚筒的外圆周随滚起转动，每转动一圈就记录一行，同时激光头横移一行，再记录下一行。这种照排机的优点是记录精度和套准精度都较高，结构简单，工作稳定，记录幅面大，如图 4-1-15 所示。

外滚筒式照排机的缺点是操作不方便，自动化程度低，通常需要手工上片和卸片，手工上下片时需在暗室操作。大幅面照排机的记录滚筒大，需要抽气系统和胶片固定装置，而且记录滚筒越大，转动时的惯性也越大，转速就要受到限制，记录的速度较低，必须靠增加激光光束数量来提高记录速度。因此这种类型的照排机目前较少采用。

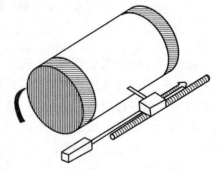

图 4-1-15　外滚筒式照排机

但是，外滚筒式的结构非常适合直接制版机，因为直接制版是单张版，不是连续片，版材尺寸固定，而且直接版材可以在明室操作，部分抵消了它的缺点，加上这种结构的光路短，容易控制，激光损失小，可以用多路激光加快曝光速度。另外，外滚筒结构处理制版时的操作方法简单，上版方式与印刷机上版方式相同，因此可以做到精度很高。随着设计水平不断提高，所以被认为是最佳的直接制版机结构。

2. 绞盘式照排机

绞盘式照排机的胶片由几个摩擦传动辊带动，通常有 3 辊和 5 辊结构。在胶片传动片上，因此胶片的走动速度和曝光速度必须是严格一致的。绞盘式照排机的激光光源固定不动，曝光光线的偏转靠振镜或棱镜转动来实现。这种照排机的特点是结构和操作都很简单，价格也较便宜，可以使用连续的胶片，连续的记录，长度无限制等。缺点是记录精度和套准精度略低，一般只限于四开或四开以下幅面照排机。绞盘式照排机属于中档照排机，由于价格适中，是目前使用最多的一种照排机类型，如图 4-1-16 所示。

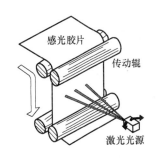

图 4-1-16　绞盘式激光照排机

绞盘式照排机精度不太高的原因主要有两个：一是由于胶片走片不均匀或打滑所致，尤其是当照排机使用一定时间以后，送片辊老化或太脏，更容易造成套准精度下降。二是由于结构本身造成的。胶片记录在一个方向上是靠胶片移动，另一个方向靠棱镜转动偏转光，棱镜转动 1 周记录 1 行或几行。如果激光近是圆形的，则激光与胶片的中间相垂直，光斑可以保证是圆形；而在胶片两边，激光不再与胶片垂直，光斑形状就会变形，变成椭圆形，影响记录精度。因此，激光光束的偏转角越大，激光到胶片中间和两边的距离差就越大，光斑形变就越严重。为了解决这个问题就需要加大棱镜到胶片之间的距离，减小偏转角，并限制记录幅画，这就是胶盘式照排机幅面不能太大的原因。

3. 内滚筒式照排机

内筒式照排机又称为内鼓式照排机，被认为是三种照排机结构中最好的一种类型，几乎所有高档照排机都采用这种结构，如图 4-1-17 所示。这种结构具有记录精度高、幅面大、自动化程度高、操作简便、速度快等特点，但价格要比前两种照排机贵。内滚筒式照排机的工作方式是将记录胶片放在滚筒的内圆周上面，滚筒和胶片不动而由激光光束扫描记录，因此没有走片不匀造成的误差。激光光束位于滚筒的圆心轴上，激光器可以绕圆心轴转动，每转 1 周记录 1 行，同时激光器沿轴向移动 1 行。可以看出，这种结构的记录光束到胶片任一点的距离都一样，因此

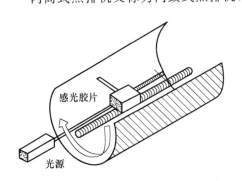

图 4-1-17　内滚筒式照排机

光斑没有变形，又可有效避免因胶片传动不稳定所造成的记录精度降低的问题，这是它具有非常高重复精度的原因。另一方面，由于滚筒不动，靠棱镜的转动来偏转光束，棱镜很轻，转动惯量很小，因此转速可以达到很高，使得记录速度也很快。内滚筒式照排机也使用连续胶片，因此操作方便。但它记录的长度被限制在滚筒圆周的范围内（通常限制在半个圆周范围内），不能像绞盘式照排机那样记录无限长的版面。

激光照排机的主要性能参数为：记录精度（记录分辨率）、重复精度（套准误差）、幅

面、记录速度和激光波长等，其中记录精度和重复精度是衡量照排机性能的两个最重要的指标，也是划分照排机档次的标准。

① 记录精度和重复精度。记录精度和重复精度是两个不同的概念。记录精度是指照排机在单位长度内可以记录的光点数量，即记录分辨率，通常以每英寸的点数（dpi）或每厘米的点数（dpc）来表示。记录分辨率越高，激光光点的尺寸越小，光点的密集程度越高。因为印刷图像网点是由很多激光束形成的，激光光斑越小，在相同加网线数条件下，组成网点的光点数就越多，所能形成的图像灰度级变化也就越多，或者说，在保证灰度级数的条件下使网点尺寸更小，即获得更高的加网线数。例如，一个由 16×16 个激光点组成的 50% 网点的放大图，它总共能构成 256 个不同的灰度级变化。在一个印刷网点的范围内，每增加或减少一个激光或曝光点，印刷网点尺寸就变化一级，就构成了一个不同深浅的灰度级。因此，构成网点的激光斑点越多，产生的灰度级数也就越多。现在的照排机按这种方式最多可产生 256 个灰度级，即由 16×16 个激光点组成一个印刷网点。

重复精度是指各色版上图像位置的准确程度，这是进行彩色印刷所必须要求的，通常以第一色版和最后一色版重叠的误差计算。单色印刷品不需要套印，因此对套准精度要求不高，但对于彩色印刷来说，套准精度就是一个非常重要的参数了。如果套印精度不够，印刷出来的印刷品各种颜色之间会出现错位、色块之间出现漏白、小号字体出现重影等现象，因此照排机的重复精度对彩色印刷制版来说是至关重要的。

一般中档照排机的记录精度为 1200～2540dpi（记录点数/in），重复精度为 15～25μm；高档照排机的记录精度在 3000dpi 以上，重复精度在 5μm 左右。记录幅面有八开、四开和对开等规格。

印刷图像的精细程度直接与照排机的记录精度有关。不同于文字的照排，图像需要用加网的方法来表现图像的颜色和层次变化，加网线数越高，要还原的灰度级越多，就要求照排机的记录精度越高，或者说要求构成印刷网点的激光点数越多，同时要求激光斑的尺寸就要越小。照排机曝光形成的网点是由很多激光点组成的，在同样要求产生 256 个灰度级条件下，加网 1751pi 比加网 100lpi 时的网点小，因此激光点也要小，否则就必须降低加网线数，二者互相制约。照排机记录精度、印刷加网线数和还原灰度级三者间的关系由"灰度级＝（记录精度/加网线数）×2＋1"来确定。

目前照排机用常规加网方法可表现的最大灰度级为 256 级，而人眼可分辨的灰度级数大约为这个级数的一半，更高的级数并不一定能明显提高印品的质量。因此只要能合理控制印刷制版条件，不明显丢失层次，这个灰度级数是可以满足丝网印刷使用需要的。

② 幅面。照排机有各种幅面宽度，一般有正八开、大八开、正四开、大四开、对开和全开幅面，一般照排机都在最大幅面范围内可以换用几种不同幅面的胶片，以适应不同的幅面要求，达到节约胶片的目的。照排机的记录精度和重复精度与幅面的关系很大，幅面越大，对精度的要求就越高，制造起来加工难度就越大，因此价格就会成倍上升。

③ 记录速度。照排速度通常是以 1200dpi 分辨率记录时的走片速度衡量的。现在新型的照排机走片可以达到很快的速度，但这并不是唯一决定出片速度的因素，因为它还受到 RIP 速度的限制。输出一个版面所用的时间应等于网络传输数据所用时间、RIP 解释版面所用时间和照排机记录所用时间之和，因此照排速度只影响记录时间这一部分。

④ 激光波长。照排机的另一个参数是照排机所用激光器波长。照排机常用的激光器

有氦氖激光器，波长为 633nm；红光半导体激光器，波长为 650nm 或 670nm；红外半导体激光器，波长为 780mn 红外光。激光波长决定了所使用的胶片型号，甚至关系到所用胶片的价格。例如目前国产氦氖激光照排片最便宜，几乎所有文字照排都使用这种胶片，而红外照排胶片则价格贵，使用得较少。

⑤ 光栅图像处理器。激光照排机要与光栅图像处理器（简称 RIP）共同使用才能生产底片，RIP 的主要作用是将计算机制作版面中的各种图像、图形和文字解释成打印机或照排机能够记录的点阵信息，然后控制打印机或照排机将图像点阵信息记录在纸上或胶片上。

技能训练

任务 1　制作多色网目调图像的电子文件

1. 原稿获取与选择

一般原稿获取可通过以下三个途径：

① 扫描获取图像，要考虑扫描分辨率。

② 数码相机获取图像，要考虑拍摄图像的清晰度，对比度。

③ 客户提供了设计好的图片。

由于丝网印刷的印刷网点扩大比较严重，对原稿的图片是有要求的，在接到客户的原稿时，必须跟客户沟通好，若原稿不符合要求，不适合丝网印刷（比如细节太丰富的人物图像），就需要跟客户说明这种原稿在印刷时会出现的问题，建议更换或是调整。若原稿可以经过调整层次符合要求，调整后的图像也必须经过客户确认，才可出片印刷。

本项目是客户提供的设计好的原稿：使用 AdobeIllustrator 软件制作好的矢量图形，如图 4-1-18 所示。

2. 调整图像

获取的原稿并不是直接出片使用，必须考虑产品的印刷环境条件、规格、材料、质量要求、印后工序等内容等进行一些调整。一般图像的调整需要在 Photoshop 软件中进行。

在 Photoshop 软件中打开 AI 格式的原稿图片，会跳出如图 4-1-19 所示对话框。

① 调整图像分辨率与颜色模式。选择图像分辨率为 300dpi（丝印图片至少 200dpi 以

图 4-1-18　原稿图片

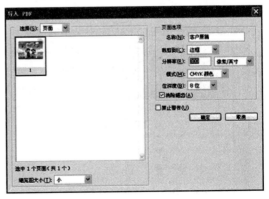

图 4-1-19　PS 软件打开 AI 图片

上），颜色模式为CMKY模式。

　　② 调整图像层次。由于丝印印刷精度限制，亮调网点最好不要低于5％，暗调网点不高于95％，可用曲线对图像进行高光/暗调定标，然后拉动曲线调整图像层次，若要求某部分层次不变，可将曲线的一些点钉住，见图4-1-20曲线调整层次。曲线调整会使层次丢失，不能反复调。若一次调整不成功，需后退重新调，不能在原先调整的基础上再去调。

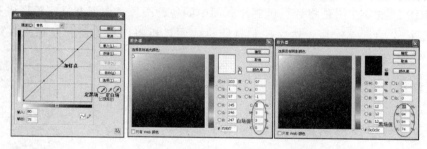

图 4-1-20　曲线调整层次

　　③ 调整图像颜色。由于丝网印刷的颜色通常要比预期颜色要深一些，因此在印前处理时，最好在保持图像层次的基础上，将原稿的颜色调浅一些，深色调的调浅的程度要多一些，这样印刷出的预期效果的颜色。颜色调整也可用曲线进行分通道调节，分别调整C/M/Y/K的颜色，C和M的调整幅度要比Y大些。

　　调整颜色后的图片与原稿相比颜色变浅，见图4-1-21颜色调整后的图片与原稿对比。

原稿图片　　　　　　　　　　　　　　　颜色调整后的图片

图 4-1-21　颜色调整后的图片与原稿对比

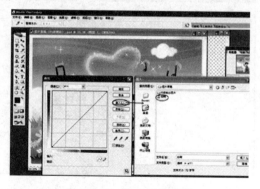

图 4-1-22　载入后期曲线

　　原稿颜色究竟要调浅多少，一般丝印厂可根据经验，设定一条后期曲线（也就是事先知道目前的丝印印刷条件下，图案预期会变深的程度，做一条曲线）。当原稿在颜色调整后，通过曲线命令，载入后期曲线图后确定，看载入曲线后的图片效果（见图4-1-22载入后期曲线）。在屏幕上对原稿图片和载入后期曲线后的图片进行粗略对比，看两幅图颜色是否接近，见图4-1-23。若两图颜色接近，则说明之前颜色调浅的幅度合适。

虽然不可能做到与之前原稿一模一样，但可以大致检验颜色的调整是否合适。图像在Photoshop 软件中调好后，就可以保存待用。

图 4-1-23　载入后期曲线后再与原稿对比

3. 排版

在 AdobeIllustrator 或 Coreldraw 软件中进行排版，版面大小按客户要求或根据印刷幅面要求设定。本项目使用 AdobeIllustrator 软件排版，并根据实验室丝网印刷机幅面大小，设定页面大小为 260mm×260mm。

导入图片，把图片放置在合适的位置。一般位图导入后，不随意放大，避免分辨率达不到要求。若确实需要放大，需到回到 Photoshop 软件中重新调整。

4. 加入规角线

加入套准十字线，对于四色网点印刷，需要进行颜色套印，可在版面四周边缘加入套准十字线，便于监控套准质量。套准十字线长度一般在 6mm 以上，考虑到丝网印刷的精度，十字线粗细需在 0.2mm 左右。注意需要保证每张分色片上都有十字线，因此填充十字线颜色时需要用套版色（Coreldraw 用注册色）。

为方便成品裁切，需要在印品四周加上角线，需要裁切的地方加上裁切线。角线和裁切线的粗细为 0.2mm 左右，长度为 3mm 以上，颜色也要用套版色。

5. 加入色标

为方便监控印品印刷质量，可在印刷品外围加入色标，色标的选择可根据自己的需要确定。考虑到网点印刷，可加入各色网点色标，观测各色不同网点大小的转移情况。若版面上的空白部分够用，还可加入一些不同粗细的线条，可测量丝印时能印出的最细线条。另外，还可在空白处加入相关信息，如加网线数、加网角度等，可指示给后续工序的人员看。

注意色标和相关信息必须放在成品裁切线外，否则影响成品图案。

排版好的图片可见图 4-1-24。

6. 文件检查

文件排好版后，并不急着输出，先检查文件是否有错，确定无错误后才输出。一般文

图 4-1-24　排好版的图片

件检查需检查一下内容：

① 检查页面设定是否和文件尺寸相符。

② 检查使用颜色模式是否为 CMYK，黑色若在其他颜色上面，是否设置叠印。若有白色则不能设置白色为叠印。

③ 检查文字是否转曲线，是否有空心字、烂字。

④ 检查角线是否与成品尺寸相符，颜色是否为套版色。

⑤ 检查是否设置出血位，一般不少于 3mm。

⑥ 检查套准十字线是否设置正确。

⑦ 检查各色图片是否正确。

任务 2　激光照排机出胶片

（1）对激光照排机安装胶片同时对显影机添加定影液和显影液等。

（2）检查设备是否正常、稳定的工作状态，可对激光照排机进行线性化处理。

（3）根据印刷的要求设置 RIP 软件中的相关参数，包括网点类型、加网线数、网店角度、是否镜像等。

本项目的输出参数如下：

① 加网方式。调幅加网。

② 网点形状。方圆网点。

③ 加网线数。100 线/in。加网线数一般要根据印刷的要求和承印物材质、网纱材料、印刷方式等来选择。一般手工丝印的加网线数要低于 100 线/in；机器丝印可达到胶印的 175 线/in 的水平，但是必须综合考虑承印物材质、网纱材料、印刷品视觉远近应用等，加网线数并不是越高越好。

④ 加网角度。最常采用的是 Y：0°、C：15°、K：45°、M：90°，其中 C 和 M 可对换。

加网线数与角度设定是在 AdobeIllustrator 软件的文件菜单下的打印命令下设定，如图 4-1-25 所示，加网后的情况如图 4-1-26 所示。

图 4-1-25　胶片输出的网线和角度选择

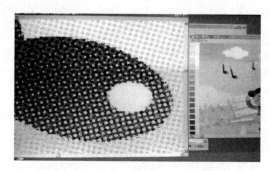

图 4-1-26　网点叠加效果

（4）通过 RIP 软件控制激光照排机对分色加网的各色版进行打印输出，完成胶片的曝光。

（5）处理剩余的显影溶液并清洗显影设备，同时关闭电源。

（6）检查胶片质量

胶片输出后，需要放在检查台上检查质量，如图 4-1-27 所示，一般要检查以下几个内容：

① 检查胶片是否与自己的要求相符。

② 检查胶片完整无划伤。

③ 检查文字图案有无缺失现象。

④ 检查图片有无烂图现象。

⑤ 重叠各色片角线和十字线，检查对位是否准确。

图 4-1-27　胶片质量检查

（7）常见故障分析及解决如表 4-1-3所示。

表 4-1-3　　　　　　　　　胶片常见故障分析及解决办法

序号	现象	原　因	解决办法
故障 1	亮调，暗调图像丢失	由于丝网印刷图像一般在 0～5% 的高亮调区域网点丢失，使得图像的高亮区域的细微层次丢失；同样，在 95%～100% 的暗调区域网点糊死被印成黑色，使得图像的暗调区域的细微层次丢失。	为了补偿印刷适性对图像层次再现的影响，在输出前要将图的层次阶调调整到 5%～95%
故障 2	套准线丢失	套准线设置太细导致印刷时印不出，太粗又容易造成套印不准，丝印一般粗细为 0.2mm 以上。	设置合适的套准线
故障 3	偏色、糊版	原因1：网点扩大，导致印刷品偏色、糊版等现象。原因2：加网线数太低导致印刷时印品模糊、糊版等现象的产生	针对网点扩大做网点补偿的处理，将颜色调浅一些，并根据工艺条件设置正确的加网线数。
故障 4	龟纹	胶片加网角度与网纱角度相撞出龟纹	设置正确的加网角度
故障 5	脏点	胶片不干净，导致晒出的印版出现脏点	用酒精清洁胶片表面

任务二　绷网　　🔍

支撑知识

知识一　常用丝网的种类

1. 尼龙丝网

由聚酰胺树脂合成纤维丝编织而成，它具有良好的回弹力、耐磨性和抗拉强度，表面光滑，印刷时产生静电小，油墨通过性能好，耐碱性耐溶剂性能优良，价格低廉，因而在丝网印刷中应用较普遍。其缺点是耐酸性差，延伸率高，拉伸变形大，受日光长期照射丝网易变脆，强度会下降，受空气湿度影响大，套印不准，尺寸稳定性差，不宜制作高精度印刷，常用于制作曲面丝网印版和印刷表面不平整承印物的丝印网版。

2. 涤纶丝网

涤纶丝网也叫聚酯丝网，是由合成纤维编织而成，它具有优良的耐热性、耐酸性、耐碱性、耐化学药品性，吸湿性小，延伸率低，套印尺寸稳定性好，是制作大、小精密网版的理想材料。其缺点是耐磨性差与感光胶膜的亲和牢度不如尼龙丝网好，价格也高于尼龙丝网，适合于制作印刷高精度网版。

聚酯丝网和尼龙丝网国际常用代号及特点如表 4-2-1 所示。

表 4-2-1　　　　　　　　　　　　丝网国际常用代号及特点

规格		特点				
代号	名称	丝径	网孔宽度	开孔面积	丝网厚度	强度
SS	超轻型	最细	最大	最大	最薄	最低
S	轻型	较细	较大	较大	较薄	较低
M	中型	中等	中等	中等	中等	中等
T	重型	较粗	较小	较小	较厚	较高
HD	超重型	最粗	最小	最小	最厚	最高

进口丝网的型号、规格标注由两个部分组成：前面的阿拉伯数字表示目数，后面的字母表示型号。

例：77T，表示 77 目 T 型丝网；90HD，表示 90 目 HD 型丝网。

3. 不锈钢丝网

延伸率小，抗拉强度高，耐磨性、耐湿性、耐热性、耐化学药品性、油墨通过性都较好，是较理想的制版材料，缺点是织造难度大，成本高，价格昂贵，操作时容易碰伤或形成死折，回弹性小，重复使用率低。常用于制作超高精度网版，或导电、导热性的网版。

4. 压平丝网

这种丝网是将涤纶丝网通过一根热压辊和一根硅橡胶辊对压形成的，丝网一面压平薄25％左右，而网孔小于同类型丝网，因此油墨转移量少，墨层薄，可节省油墨材料、降低生产成本，特别适用于价格昂贵的紫外光固化油墨，可省 30％。缺点是因丝网一面压平网孔变形变小。

由于压平丝网的断面形状会像如图 4-2-1 所示的那样变形使油墨变薄，有利于四色加网印刷提高清晰度，同时，会减少刮板的磨损，提高油墨的透过力并保护版膜。

5. 带色丝网

在网版制版工序曝光时不必要的反射光会造成曝光缺陷，经常产生光晕现象。为了避免光晕故障（不该见光部位产生见光反应），需要采用染色丝网（特别是网目调等精细产品）。

因为晒版感光材料只感应蓝光、紫光、紫外线，白色丝网反射的白光中含有蓝光、紫光（白光是由红光、橙光、黄光、绿光、青光、蓝光、紫光混合而成的可见光），会从感光版背面引起光化反应，产生不需要的光晕现象（见图 4-2-2）。有色丝网反射的红光、橙

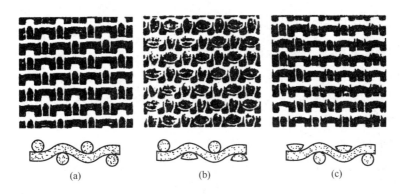

图 4-2-1 压平丝网

(a) 10% (b) 50% (c) 25%

光、黄光、绿光等可见光均不会引起感光版的反应，所以不会产生光晕故障，如图 4-2-3 所示。

选择丝网的颜色，要考虑有效地消除漫射光的影响，还应考虑颜色对感光速度的影响（染色丝网的色调以淡色为好，深色则要延长曝光时间），以及如何使之与感光材料本身的颜色区分开等。

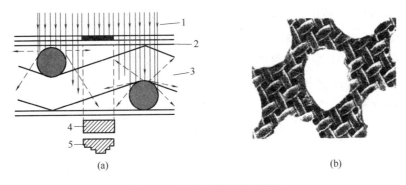

图 4-2-2 白色丝网的制印特性

(a) 白色丝网的漫反射现象 (b) 白色丝网网印效果

1—曝光光线 2—阳图底版 3—白色丝网 4—阳图 5—版膜孔形断面

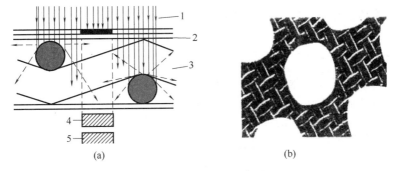

图 4-2-3 有色丝网的制印特性

(a) 有色丝网表面光线被吸收 (b) 有色丝网网印效果

1—曝光光线 2—阳图底版 3—有色丝网 4—阳图 5—版膜孔形断面

知识二   四色网目调丝印网纱选择原则

对于阶调加网制版或者较精细的阶调印版，原则上应使用染色丝网，只有这样，才能使阶调忠实地再现原稿，因为染色丝网可以减少折射。用染色丝网延长 75％～100％的曝光时间。折射对 HD 型丝网的影响比对 T 型或 S 型丝网的影响要大，因为，光在通过染色纤维时会部分地被转换为热能。目前，最薄的单丝聚酯丝网的纤维直径大约为 30μm。这意味着，较小的网点，即 30μm 及以下的网点是不可能印刷出来的。

不同尺寸的网点在通过丝网版印刷时受到不同程度的损失。在丝网网丝的影响下，模板图像区域内的高光部网点比暗调部网点损失要多，因此暗调部网点较整洁。

高光网点在印版开孔处由于受到丝网网丝的干扰较大，因此印刷过程中油墨受到的阻力要比暗调网点部分大。这一阻力会随着模板开孔处网丝面积的增加而增大，其结果是减少了油墨的附着量。在模版上的 80％网点的暗调区域，印刷时油墨受到的阻力较小，这将导致油墨通透量较大并产生较厚的油墨层，同时具有油墨渗流的危险，由此可能造成印刷网点全部增大。

在印刷实践中，选择模板必须综合考虑到高光调和暗调二者的印刷网点质量。丝网的使用是以高光网点的最佳化为前提的，选用的丝网，其丝径与丝网目数要成几何比例，以控制高光网点。然而，使用这样的网点必然会使暗调网点的复制质量下降。细小的高光网点通过高目数的丝网时会被切断，因此不可能完全地再现网点。色调值的损失和偏差可以通过复制技术来解决。S 型丝网可改善由高光至暗调区域的网点复制，HD 型丝网可改善由暗调至高光区域的网点复制。在 120T 型丝网模版上，开孔区域的网孔面积大约为 0.030mm²，因此可通过油墨的网孔面积只为网点面积的 35％，网点面积的 65％被丝网网丝所遮盖。在 195S 型丝网横版上，85％网点面积被网丝覆盖，在理论上仅有 15％的网点面积被印刷。

因此，很细的丝网不能带来绝对好的印刷效果，因为 140 线/cm（350/in）以上的丝网和斜纹编织的丝网在承印材料上会形成较多的网丝支承点和接触面积，进而带来龟纹问题，而且网点被网丝分割成多部分，这也可导致色调值的严重损失。

在阶调网版印刷中，可印刷的网点尺寸与网孔宽度和网丝直径之间的比例有关。暗调区域的网点的可印刷性视丝网的网孔宽度而定，即当暗调网点的直径小于或等于网孔宽度时是不可印刷的。高光网点的可印刷性将取决于其直径是否小于或等于网线交叉处得对角尺寸，即当网点直径小于或等于这个尺寸时是不可印刷的。

以上均以网点处在丝网版上的最不利位置为前提，因为这些网点的位置是不可确定的，也是非复现性的，因而一到模板上，可印刷的网点和不可印刷的网点都是可变的，造成印刷图像的色调值不同程度地损失。无论是在高光区域还是在暗调区域。网点的直径均应至少为 0.1mm。以最小的网点直径为基础，可以确定出可印刷的色调值范围。当然，也可通过印版的厚度得出可印刷的网点尺寸。如果用较细的网屏（大约 40 线/cm 以上）进行操作，假使最小网点直径为 0.1mm。覆盖面积要求从 15％开始，那么，高光区的色调值必须相应提高，这样做的结果是导致层次丢失，反差减少，明锐度下降。

边学边练

知识三　绷网张力

1. 张力的概念及作用

丝网受到拉力作用时，存在于丝网内部而垂直于两相邻部分接触面上的相互牵引力为张力。

张力大小直接关系到刮涂感光胶的平整度和印刷质量。张力太大，丝网易撕破，印刷时对刮板的反作用力太大；张力不足，丝网松软，印刷时对刮板不能产生必要的回弹力，伸长变形，引起卷网（如图 4-2-4 所示），还会擦毛网点或印瞎网点；张力适度，能保证晒版、印刷的尺寸精度，使套印准确，而且丝网在刮印行程中回弹性良好、网点清晰、耐印，在正常情况下丝网不易破裂。

图 4-2-4　张力不足引起的卷网

2. 绷网张力计

张力计是测量绷网张力的仪器。张力的标准单位是 N/cm，张力也可以用相对单位数值表示。毫米张力计就是以相对数值来表示张力的，它是通过张力计自身重量使丝网下沉，以下沉的毫米数值表示张力的。

张力计有机械式和电子式两种，按照张力单位分类，绷网张力计可分为以下三类：

① 牛/厘米张力计。如图 4-2-5 所示，这种张力计使用简便，测量时把其置于绷紧的丝网上，即指示被测丝网牛/厘米（N/cm）张力值。这种张力计的测定范围一般为 6～50N/cm。

② 毫米张力计。如图 4-2-6 所示，即毫米张力计，其示值为 mm，测量范围一般为 1.2～2.5mm。

图 4-2-5　牛/厘米张力计

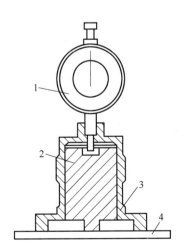

图 4-2-6　毫米张力计示意图
1—百分表　2—重锤　3—外壳　4—校正用玻璃板

使用毫米张力计测量绷网张力时，首先应将其置于平台玻璃板上进行校正，转动百分表表盘，使指针对准 0 位，然后将其放在绷紧的丝网上，百分表即示出高度差，这个高度差值即为绷网张力毫米值。

③ 数字显示张力仪。这是目前最新式的测量绷网张力的仪器，外形如图 4-2-7 所示。这种仪器的特点是操作简单方便，可直接读数、打印出数据。

用张力计测定张力时，小网框测中心一点，中、大型网框可选五点、六点或九点进行（见图 4-2-8）。测定时每点都要经向、纬向各测一次。对于彩色阶调丝网版，每块版的张力必须严格一致，以保证套印准确。

图 4-2-7　数字显示张力仪

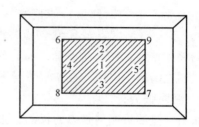

图 4-2-8　丝网张力计测试点（1～9 为测试点）

任务 1　测定绷网张力

使用绷网机及大网框绷网时，一般都使用张力计测试。测定绷网张力的操作步骤：

（1）先将张力计校正归零。

（2）将张力计置于绷紧的丝网面。

（3）水平目视读取张力计显示读数。

知识四　绷网张力的调整方法

表 4-2-2 为绷网"牛顿"张力标准，表 4-2-3 为绷网"毫米"张力标准，表 4-2-4 为"牛顿"和"毫米"张力计的对比实验数据。这套实验数据是在操作中实测得来，并未经过理论计算，也无换算公式，仅供操作参考。

表 4-2-2　　　　　　　　　　　　绷网"牛顿"张力标准

品种	张力/(N·cm⁻¹)	品种	张力/(N·cm⁻¹)
蚕丝丝网	16～24	聚酯丝网（多线）	16～24
尼龙丝网	20～28	聚酯丝网（单线/多线）	16～24
聚酯丝网（单丝）	24～32	不锈钢丝网	28～32

表 4-2-3　　　　　　　　　　　　绷网"毫米"张力标准

毫米张力计/m	手感程度	选用	毫米张力计/m	手感程度	选用
1.0	很紧	很好	2.0	松	特殊承印物
1.5	紧	好	2.5	很松	不选用

表 4-2-4　　　　　　　　"牛顿"和"毫米"张力计的对比实验数据

牛顿张力计/(N·cm^{-1})	6.5	8	12	13	14	15	16	17
毫米张力计/mm	3.20	2.30	2.00	1.85	1.80	1.65	1.50	1.45

任务 2　调整绷网张力

由于绷网机夹头的移动（松紧调试）是通过气压表来控制实现的，所以不同材质的丝网，其绷网的气压值不同。使用绷网机进行绷网时，绷网的张力调整步骤如下：

（1）调整绢网的绷网气压值 7～9kg/cm^2。

（2）调整尼龙丝网的绷网气压值 8～10kg/cm^2。

（3）调整涤纶丝网的绷网气压值 8～10kg/cm^2

（4）调整不锈钢丝网的绷网气压值 10～13kg/cm^2。

【注意事项】

绷网张力控制是保证制版质量的关键。绷网时要注意两点：

① 张力要均匀，使每根网丝在相反方向上承受相等的张力。在任何一个方向上不平衡都会导致张力不稳定，不均匀。

② 丝网方向要一致，每根网丝在经、纬方向上必须保持直线性，而且互相垂直。施力方向与网丝成一定角度，就会破坏丝网方向的一致性。

技能训练

任务 3　气动绷网

具体操作步骤如下。

1. 选框选网

目前，使用的网框的种类比较多，大体有木质网框、中空铝框、钢材网框和塑料网框等。由于具有操作轻便、强度高、不易变形、不易生锈、便于加工、耐溶剂和耐水性强、美观等特点，适于机械印刷及手工印刷，所以选用比较常用的中空铝框。

丝网采用进口黄色防光晕网纱。

2. 网框的表面处理（粗化和去污）

把网框与丝网黏合的一面清洗干净，用细砂纸将网框摩擦干净，去掉残留的胶及其他物质，并且使网框表面粗糙，易于提高网框与丝网的粘接力。

3. 预涂黏合胶

用大约为框条宽度一半的毛刷或油画笔将配好的粘网胶涂在网框的粘网面上，一般以两次涂成为好，涂一遍表面干燥后再涂第二遍，如图 4-2-9 所示。刷子选用时，不宜过宽或过窄，黏合胶必须具有较好的黏合强度和干燥速度。

4. 干燥

选用 JBW 网版烘干箱进行干燥，如图 4-2-10 所示，温度不要高于 40℃。

5. 裁取丝网布

确定丝网的尺寸大小，用剪刀剪出一个缺口，裁切边平行于丝网的经纬丝线，尽量用手撕。注意事项：在裁切丝网时，确定丝网的尺寸合适。丝网太大，容易产生浪费，在绷

图 4-2-9　刷胶过程

图 4-2-10　JBW 网版烘干箱

网时也不太方便；丝网尺寸太小，绷网夹不紧，导致绷网无法完成。

6. 绷网

① 夹网。在操作开始前应全面检查绷网机构，特别需要仔细检查夹钳上是否有污垢、不平整。必要时应进行清扫、整修。还要检查没有接触丝网的部位有无污垢、伤痕。选用气动绷网机进行绷网，调整螺丝高度，保证网框摆放稳定、高度一致、水平（注意在绷网时网框要高于拉网的网夹）。

注意事项：确定网框的水平放置，否则，在绷网涂胶的时候，很容易导致丝网与网框不能黏合在一起。这一点尤其重要，绷网前调整网框支撑螺钉，保证网框能水平而稳定地固定在绷网机上。

根据网框的尺寸，配置和选定网夹的尺寸及个数，即每边组合的网夹总长度应短于网框的内边长约 10cm。布置网夹时，两相对边上的网夹数量、长短及位置都应对称；网框每边的两端（即角部）各留空 5cm，可避免拉网时角部撕裂的危险；网夹端间的空隙以小为好；调整钳口螺钉，使网夹的夹紧力最大。

将网布夹入绷网机网夹内，并使丝网的经纬线与网夹边保持平行，并尽可能挺直，切忌斜拉网。

② 初拉。仅拉伸至额定张力的 60％ 的拉网称初拉。丝网因编织的特性，要求拉伸时慢慢给力，以利于网孔形状的调整和张力松弛的加速，同时也可防止一下拉紧到高张力时发生破网的危险，因此采取分步拉网或增量拉网方法。送气拉网的操作如下：

a. 调整空压机的气压值，应大于拉网气压值的 30％ 左右；

b. 打开空压机气阀及气源控制器气阀；

c. 调节气源控制器上的压力表至初拉压力值；

d. 打开手控阀，压缩空气通过分配器至各气缸，推动活塞，完成初拉动作。

初拉时，应仔细检查网的经、纬线情况，若发现与网夹不相平行，应松下丝网，重夹重拉。初拉后约 10min，使初拉张力下的丝网，尽量松弛。

慢慢地打开气泵开关，拉伸时慢慢给力，在四周司时将丝网预拉紧（约为额定张力的 60％），约 10min 后将初拉拉力下的丝网松弛。重拉一般需反复拉紧三次以上。

注意事项：为防止网框拐角处的丝网撕裂，需要在网框角处把丝网放松些。这样该部分丝网就不容易完全绷紧，尽量使张力均衡地分布在整个丝网版上。绷网时张力的增加不应过急，使丝网均匀地拉平。

③ 测量张力值。使用张力计采用五点测试法（或九点测试法）对丝网张力进行测量，如图 4-2-11 所示。

张力计读数指针旋转刚开始第一圈的读数是不准确的，指针旋转第二圈开始才是正常读数，并要轻弹张力计旁的网纱。

拉网的张力用其所长 N/cm，即表示网纱在每厘米宽度有多大的拉力（通常用 N——牛顿或者 kgf——千克力表示，1 千克力＝9.8 牛顿），所以牛顿显示张力计才是有实际意义的张力计。

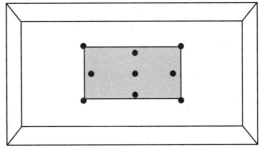

图 4-2-11　九点测试法

张力计在每一点的经向、纬向各测试一次，至张力为 5.5mm 为适。若张力不能达到要求，则需重新拉网。

表 4-2-5　　　　　　　　　　　不同类型丝网适用范围及张力

丝网类型	印刷任务	张力/(N/cm)
高精度超细度丝网	高精度多层电路印刷	25～30
高精度聚酯网(标准单丝)	多色及四色套印(手印)	8～12
普通聚酯网(标准单丝)	平整物体	8～12
尼龙丝网	曲面或异面粗糙物体	8～12

7. 固网

往黏合面上喷或刷粘网胶的活性溶剂，随即用棉纱擦压网框的黏合处，视整个粘网面上呈现较深而均匀的颜色，不良处补胶，待完全干燥后，黏结才算充分，如图 4-2-12 所示。

图 4-2-12　刷胶固网过程

胶粘法使用的黏合剂常称为粘网胶，其性能应满足丝网和网框黏结牢固的需要，应耐水、耐丝印中的常用溶剂、耐温度变化，并不损坏丝网且应快干等。使用最多的是溶剂挥发型粘网胶，这类胶采用快干溶剂时，一般 3～5min 即可粘牢；此胶既可"即涂"，也可"预涂"。预涂是在拉网前，先将胶涂在框面上的干胶层；固网时，用适当溶剂将它活化变黏。国内采用的这类胶有：缩醛胶、合成树脂胶、502 胶、过氯乙烯胶及虫胶等，其活化剂大都为醇、酮、酯类溶剂；若用汽油类做活化剂，则可用橡胶型粘网胶。

8. 整边

裁去多余的丝网，并包边标注，用单面不干胶纸带贴在丝网与网框黏结的部位，可以起到保护丝网与网框的作用，还可以防止印刷时溶剂和水对黏合剂的溶解。

在使用过程中要注意，首先，油墨粘到网框上会影响丝网的粘结度，所以，网和框的黏合部分一定要全包裹，同时也利于丝网重复利用，易于剥离；其次，固定好的网框，由于网框的变形及丝网收缩到稳定状态需要一定的时间，尽可能地放置时间长些，以 3～7 天为宜。

9. 丝网清洗脱脂

用刷子取适当浓度专辆溶浓或专用丝网清洗判，清洗丝网两面，然后用清水冲洗。接下来用清洗剂脱冲洗丝网，放置 30～60s，然后用高压水枪冲洗丝网两面。将清洗后的网框放入烘干箱里面，待丝网晾干后可用干后续加工。

10. 网版标注

绷好的网版，应在框架方便处（一般在网框的外侧面），注明下列内容：丝网的材质、日数、丝径等级及绷网日期等。

【注意事项】

（1）涂粘网胶操作要求均匀、仔细，不要将胶液滴到框内丝网上。

（2）在冲洗干燥绷好的网框的时候，不要使用含油脂的碱性洗涤剂。干燥的风温控制在 40℃左右，以防温度过高导致丝网破损。

（3）处理好的网版，不可用手触摸。

任务三　感光胶涂布 🔍

支撑知识

知识一　全自动网版感光胶涂布机

网版感光胶膜的厚度决定了印刷时印刷图文墨层的厚度，所以感光胶膜厚度不一致直接导致印刷图文墨层厚度的不一致，色彩有深有浅，印刷质量劣化。

四色印刷时，4 块网版的感光胶膜厚度要求一致（即重复性）。如果用手工涂布感光胶膜，很难保证 4 块网版的涂层厚度完全一致，导致印刷图文色彩出现偏色。使用刮斗进行手工涂布时，需要操作者有熟练的技术，感光胶厚度会因操作者的疲劳而产生误差，难以得到稳定的涂布层，因此，为了使涂布的感光胶厚度均匀，发明了全自动网版感光胶涂布机。这种设备一般可分为三种类型：涂布斗移动型、版框移动型和水平移动型，最常用的是涂布斗移动型，如图 4-3-1 所示，使用时必须注意涂布斗与丝网接触部分的间隙角度、压力及速度。涂布条件因感光胶的黏度、成分以及性质的不同而不同，因此要依据实验数据而定。若使用的感光胶保持不变，其涂布条件也不变，因而能得到感光胶厚度均一的印版，曝光时间也可以统一规定。

涂布斗移动型全自动涂胶机主要由门形机座、网框固定架、双刮胶斗及其升降装置、自动控制装置等部分组成。涂胶时，只要将网框固定在网框架上，对齐两面的副胶斗，设置涂布行程和各面的涂布次数，就可自动进行涂布，而且可以一次自动双面涂布。这种涂胶机的网框固定不动，由副胶斗上下移动涂胶。全自动涂胶机的特点是：涂胶厚度一致，质量稳定，效率高。

　　一般认为感光胶中含有的固体成分越多，涂布斗与丝网面的间隙应越大，涂布速度应越慢，则涂布的感光胶层就越厚。涂布速度越快，会使感光胶中混入气泡，因此速度的规定非常重要。作为感光胶涂布的特点之一，在上网过程中进行一次涂布时，因感光胶的流动，干燥后感光胶层的薄厚是不均匀的。反复进行涂布、干燥，感光胶涂布机加大感光胶层厚度，曝光后可以减少产生的针孔，使图案的边缘清晰。印版的耐印力、耐溶剂性也可相应得到加强。全自动网版感光胶涂布机有效地改善了涂布的质量，也使得效率得到很大的提升。

网版架

刮胶斗

图 4-3-1　自动涂布机

　　感光材料的涂布是印刷过程中非常关键的一个环节，如果涂布不均匀或者混入了其他杂质，都会影响到制版的效果，进而导致不合格产品的增加。涂胶设备的日常维护和保养就变得非常重要，需要注意保证设备的清洁，尤其是升降滑动或旋转部位的清洁，使运动顺畅以及对活动机件进行定期的润滑。

图 4-3-2　抽屉式烘版机

知识二　感光胶膜的干燥

　　常用的膜版干燥方法有吹干和烘干两种，吹干法可以使用热吹风机手工烘干；烘干法可以使用专门的烘版机，例如常用的抽屉式烘版机，如图 4-3-2 所示。

　　感光膜烘干的注意事项：

　　（1）涂胶版烘干温度不可超过 45℃。

　　（2）膜面干燥时间内必须注意不可有灰尘落于上面。

　　（3）在作业中要正确掌握烘版时间，否则影响制版质量，烘版时间短或温度低，图文不光洁，耐印力低，易掉版；烘版时间长或温度过高，感光胶会产生热固反应，有蒙毅产生。

技能训练

任务 1　自动涂胶机涂布感光胶

　　自动涂胶机的操作步骤：

　　（1）将网版固定好位置，对齐两面的胶斗。

　　（2）设置各涂布参数（包括涂布行程、胶斗倾斜角度、胶膜层厚度、刮胶速度和各面涂布的次数）。

　　（3）开机，胶斗上升涂胶，直至终点。

（4）胶斗离网，下降复位。

（5）根据需要，可反复涂布多次。

任务 2　烘干感光膜

利用抽屉式烘版机对感光胶膜进行烘干，操作步骤如下：

（1）将膜版印刷面向下（即丝网向上，网框在下）

（2）将膜版水平放置于干燥箱中。

（3）定好温度旋钮，用 40～45℃ 温度干燥。

（4）定好定时开关 15min 左右

（5）打开干燥箱。

（6）干燥后取出烘干的膜版。

任务四 ｜ 晒版

支撑知识

知识一　底片质量的检验

一、测量底片加网线数的测试条

测定检验加网胶片（或丝网）上的网目数，常用两种测试规。

1. 目数、线数测试规（见图 4-4-1）

（1）用途　测定未知丝网或加网胶片的网目线数。

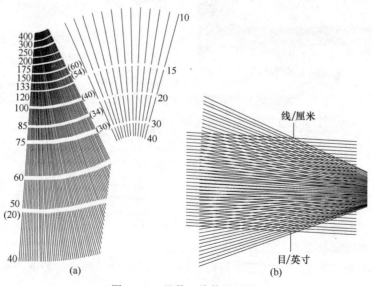

图 4-4-1　目数、线数测试规

（a）测试规结构　（b）目/线仪测得的对称"双曲线"花纹

（2）构造　由粗细两组放射状直线组成，线旁分别标有 10～40、40～400 两组数字，无括号的数字为每英寸的目数（线数）；有括号的数字为每厘米的目数（线数）。

（3）测试　将测试规覆在被测的丝网或加网胶片上，转动测试规，当放射状直线的中心线与被测线网的某一组网线（或网点的一组点）一致时，则出现明显的"双曲线"对称花纹，即莫尔条纹现象，对称的花纹处所指示的数据即是丝网的目数（或加网片的线数），如图 4-4-1（b）所示。

2. 网线线数量规

网线线数量规也是用透明胶片制成的，如图 4-4-2 所示。

上面的一排数字是每厘米的线数，下面的一排数字是每英寸的线数。用法是：将此量规放在测定的网线胶片上转动，当出现一组大的对称花纹时，则两花纹中心线所指的数字即为该网线的线数。

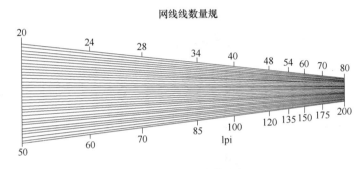

图 4-4-2　网线线数量规

二、底片密度的检查

1. 密度

密度是用来测量胶片感光后银沉积黑化的程度，因为胶片在曝光时的光量大小不同，使银沉积变黑的程度不同，而使光透过率高低发生变化。由于光量的变化，在人的视觉感受上就产生明暗、深浅和黑白的感觉。所以，密度测量实质上是透过光（反射光）的光量大小的度量，是视觉感受上眼睛对无彩色的白—灰—黑所组成的画面明暗程度的度量。

2. 底片密度对印版质量的影响

制版阳图底片的图案、线画、实地块的黑度（密度 D 大于 3.5）要黑而均匀，且不透光（对着光线看），如果透光，晒版时透光部分会显影不透，影响制版质量。底片透明处密度 D 应为 0.3 以下，若灰雾度过高，晒版时空白部位胶膜硬化不足，影响印版耐印力。

知识二　制版相关参数的检验

一、丝网目数测量仪器——网目尺

网目尺（经纬线密度测试卡）分玻璃板式和塑料板式两种，其结构如图 4-4-3 所示，主要用于测量各种丝网的目数。

测量方法是，测量时首先使丝网处在透亮的状态下放在看版台上，将网目尺放在丝网上，然后将网目尺在丝网上慢慢移动，使网目尺上的竖线与丝网的经线或纬线平行，这时由于丝网经纬线和网目尺上竖线产生重叠效果，在网目尺上形成棱形花纹（如图4-4-4所示），花纹的横向对角所指的网目尺上对应的刻度数字，即是所测丝网的目数（英寸或厘米）。

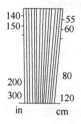

图4-4-3　网目尺结构示意图

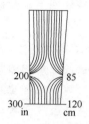

图4-4-4　用网目尺测量丝网时经纬线重叠状态

二、丝网丝径测量仪——显微放大镜

DTS-12A数码手提型测量仪是短距测量仪，最小读数为 $1\mu m$，最适合测量电子元件及线宽。

三、丝网厚度测量仪——厚度仪

厚度仪主要用来测定丝网和涂覆感光胶膜层的厚度。

1. 机械式

机械式厚度计包括手持式和刻度盘式，两者都不适合测网版的厚度，除非从网布上裁下一小块来。然而需要时它们可用于绷网前测网布的厚度，测得的值几乎不受操作的影响，且读数可精确到 $1\mu m$。

2. 磁感式和涡流式

磁感式和涡流式电子式厚度计两者都能用于丝网厚度测量，最适宜的还是磁感式。两种装置都有一个输出端口或一个桌面控制台，通过一根软线与传感器相连，测量结果在一个液晶显示窗上显示。机器上还有一个控制面板，功能不同配置也不同。装置上有一到四个爪和一个金属托盘，把被测物置于传感器于金属盘之间，接通电源，根据磁感应法则，物体厚度变化，探脚和金属盘间的磁场强度会随之变化，这样就可以得到物体的真实厚度。

涡流式由探头通过交变电流产生涡流，物体的存在影响探头处的电气特性，探头与金属距离的变化，可以测出微米级的厚度。

两种仪表都只能测得丝网或网版材料为非磁体的情况，为了测量，磁感法需要一个磁性金属盘，而涡流式则只需一个非磁性的底座。

电子式厚度计是使用最方便的测量仪器，因为它们可以测任意大小的丝网，而不破坏网的完整性。

3. 数码测厚仪

可以在1m网框的中心处测膜厚，可读出 $0.1\mu m$ 数值，采用 $1\mu m$ 读数的话，信赖度更高。

四、感光膜厚度对印版的影响

（1）当丝网的开孔印刷线条的宽条超过 1.5mm 时，刮墨板用力压向承印材料，厚膜版将会在印刷图像的边缘产生较厚的墨层。

（2）膜版的厚度严重地影响到网目调图像印刷的油墨层。网点分布于整个印刷区域上的丝网，膜版越厚，印刷油墨层就越厚。

（3）浅色区域印不出来，密度高的网目区域模糊不清。

（4）由于墨层较厚，彩色复制不准确。

（5）涂层厚度对印刷清晰度的影响。在曝光显影良好的情况下，感光胶膜厚比膜薄的印迹锯齿小。

（6）膜版过厚对曝光时间的影响。曝光时间与感光胶涂布厚度成正比，通常感光胶层越厚，曝光时间越长。

知识三　印版常见缺陷的分析

丝网印刷的制版工艺中，会产生很多缺陷和故障，需要准确地判断出故障类型，分析原因，才能找出解决办法，确保晒版质量无误。网印版常见制版故障及解决办法如表 4-4-1 所示。

表 4-4-1　　　　　　　　　　　网印版常见制版故障及解决办法

故障	原　　因	解　决　办　法
印版边缘清晰度差	膜版曝光不足	增加曝光时间
	使用未染色丝网	使用染色丝网
	底片图像边缘质量差密度不够	使用图像边缘清晰、密度最小为 2.0 的底片
	丝网过粗	选用较细丝网、合适的乳剂（或膜片）
	膜版乳剂面与底片接触不好	检查晒版架的性能，保证膜版表面与胶片接触良好
	清晰度差膜版制作不好	改进涂布工艺操作
	使用感光乳剂类型不对	使用解像力较高的乳剂
	干燥温度过高（间接膜版）使图像边缘隆起	间接膜版在 25℃ 以下干燥
	坚膜液浓度过低，或使用过期的坚膜液	使用适合胶片的产品，检查和调整过氧化氢的初始浓度
细微层次复制不好	丝网过粗	更换较细的丝网
	膜版曝光过度	减少曝光时间或更换使用带色丝网
	印版与承印材料之间产生静电	在相对湿度 55%～65% 的条件下操作
	油墨干固在膜版上	印刷期间避免停机时间过长
	印版漏墨过多	检查和调整刮板压力和换用高质量的刮板
	刮板太软	更换较硬的刮板，或重新打磨刮板刃口
	刮板外形不合适	印刷细线条，使用断面为方形的刮板

续表

故障	原　　因	解　决　办　法
出现龟纹	丝网目数选择不当	选择开孔面积较小的丝网
	选用的膜版系统不对,或膜版处理技术不好	检查膜版的均匀性及时改进
	加网角度不对	加网时避免采用90°、45°等不当角度
	网点尺寸相对于丝网太细	最小网点细于丝网适当进行调整
	刮板太硬	减小墨角度,或更换较软的刮板
	四色版加网角度不对	对比色之间保持30°,避免与丝网成90°和45°
图像区域网孔不通	冲洗后残留水分去除不彻底	直接膜版曝光不足,在刮墨面留下一些软化的乳剂,它们移动会堵塞图像区域的开孔。间接膜片应在转移前放在15~20℃的冷水中浸湿,用白报纸吸去多余的水分
	膜版(间接)未吸干	用白报纸轻拭,直到纸上看不到有水为止
	曝光用底片密度不够	底片最低的密度应为2.0
	乳剂偶然曝白光造成图像模糊	保持涂好的膜版远离任何白光源
	涂好的膜版在曝光前存放时间过长	用重铬酸盐敏化的乳剂涂布的膜版应干燥2h后即用。使用其他感光材料,核对生产厂家的说明
	涂布好的膜版存放在靠近热源处或置于过高的温度下	涂好的膜版如存放很长时间,则应存放在干燥阴凉(18℃、45%~55%相对湿度)的条件下
膜版有针孔	膜版曝光不足	试验曝光
	丝网上有杂质颗粒	在制版前保持网版清洁
	使用腐蚀性油墨或溶剂	避免不必要地使用通孔剂或频繁地冲洗膜版,要在65%的相对湿度下印刷
	阳图或阴图底片质量差	检查底片图像的不透明度和胶片的透明度并进行调整
	直接乳剂涂布时产生气泡	应缓慢涂布
	印刷期间印版冲洗过于频繁	必要时只冲洗刮墨面
印版的分辨率差	膜版曝光过度	试验曝光
	使用的丝网未染色	使用染色丝网
	原稿阳图片密度不够	检查阳图片的不透明度并进行调整
	曝光前乳剂层未干(所有直接乳剂/直接膜片系统)	延长干燥时间至完全干燥,使用毛细感光膜片,去除片基后继续干燥
	使用漫射光源	使用点光源
	原稿底片与膜版表面接触不好	检查晒版架的真空状况并进行调整
	感光性膜版材料过期	检查核对生产厂规定的产品保存期限并进行调整
	曝光前涂好的膜版存放时间过久,或离热源过近	所有感光材料均存放在阴凉、干燥处,避白光
	敏化剂存放过期	检查核对生产厂规定的产品保存期限

技能训练

任务 1　检验底片质量

一、测量底片加网线数

用测试条测量底片的加网线数的步骤：

（1）把制版底片，正面向上放在透明看版台上。

（2）把测试条覆盖在被测试的加网底片上。

（3）转动测试条，使测试条放射状直线中心与底片网线出现"双曲线"对称花纹。

（4）对称的花纹所示的数据，即是底片的加网线数。

【注意事项】

（1）透明检测透视台一定要擦拭干净不能有油污和灰尘。

（2）要戴上白手套测试，不能碰伤和脏污底片。

二、检查底片密度

借助放大镜检查底片密度的步骤：

（1）把制版底片正面向上放在透明看版台上。

（2）用高倍率10～20倍专用制版放大镜进行质量检查。

（3）查看图文部位黑度有无透光现象。

（4）查看空白部位透明度高不高。

【注意事项】

放大镜是网印工作者制版、印刷质量检查的常用工具，它是网印工作者的眼睛，一般选用10～15放大倍率放大镜检查图像、文字的质量效果。

任务 2　真空晒版机晒版

主要步骤如下：

（1）贴胶片，在拼版台上将胶片上的十字线对准网版上的十字线贴好，胶片正面贴紧网版印刷面，如图 4-4-5 所示。

（2）清洁晒版机上的玻璃台，用酒精清洗。

（3）把网版正面朝下放置在晒版机中央，对准紫外灯光源。

（4）把抽气管放在网框里，便于充分抽空，使曝光完全。

（5）垫布在定位板上，是为了保护橡皮布不被划破。

（6）放下晒版机的上盖，打开放气阀。

（7）启动电源，设置晒版时间，曝光时

图 4-4-5　贴胶片

图 4-4-6　设置曝光时间

间 20～30s，按下抽气启动按钮，如图 4-4-6 所示。

任务 3　冲洗网目调印版

冲洗网目调印版的步骤：

（1）轻轻地将膜版的两面蘸湿，等 1～2min 后试着冲洗。

（2）一旦图像软化，用一个扇形低压喷射水流轻轻冲洗，由上至下冲洗印刷面，目的是使水轻轻地流过未曝过光的乳剂，使其溶解掉。扇形喷射水流至少要有 60°宽，在距离膜版表面 10～15in（25～37cm）处喷洗，水流速度每分钟 9～12L，这样轻缓的水流不至于损坏图像的网点结构。

（3）再从刮墨面由上至下地冲洗。

（4）检查膜版如有不透孔的地方，应加大压力冲透，以水压不会损坏膜版为好。

（5）将膜版静置沥水 1min。

（6）用白报纸轻轻地吸去膜版上残留的水分。

（7）将膜版放于烘干箱中，以加快膜版干燥。

【注意事项】

要充分注意控制显影水温（不可高于 20℃）和水压。

任务 4　印版的坚膜处理

在印版干燥前或干燥后，为了强化膜版，提高其耐水性及耐溶剂性，需采用坚膜处理。

坚膜处理的方法有：

（1）可采取涂布无水稀铬酸液的做法。但从防止公害的角度出发，是不宜使用铬酸系药品的，最近市场上已有毒性比较小的坚膜剂出售。

（2）合成水溶性高分子物质配制的重氮胶及感光树脂胶，制造厂都配有相应的坚膜液。它们的处理方法基本相同，即将坚膜液涂于膜版的两面，水平放置。待自然干燥后，放入 30～40℃烘箱内烘干 0.5～1.0h，或自然干燥 1 天后使用。

印版坚膜处理的操作步骤：

（1）把膜版印刷面朝上平放在槽中。

（2）用容器装上坚膜液，以扇面形状将坚膜液浇注在膜版中央，然后将膜版轻轻地晃动，使坚膜液均匀地流布到整个膜版表面进行坚膜。

（3）水洗　将多余的坚膜残液用清水冲洗干净。

（4）干燥　将网印版（坚膜后的）放进烘箱中或自然干燥。

【注意事项】

涂布坚膜液之前，一定要把版面清理干净。图文表面不能有余胶存在，否则，涂布坚膜液之后版面会产生灰雾。

任务 5　修版

修复网目调印版缺陷的步骤：

1. 观察印版情况

根据晒版的阳图底片对照检查印版。

① 版面的检查

版面检查，看版四角网点是否均匀，版面是否清洁。如有较严重的不均匀、污点、发黄、灰野、药水条痕等，均不宜采用。因为四角不均匀对色调影响较大，发黄、灰野等在晒版时要阻止光线的通过，会引起网点不结实和不应有的深浅、白地起脏等弊病。阳图网点要结实，不虚，才能保证晒版和印刷的质量。

检查网版角度、网版正反、规格尺寸等。

检查网版角度可以防止度数搞错，减少"龟纹"事故的发生；检查规格特别要注意净尺寸与毛尺寸的区别，避免两者混淆的错误；阳图版直接晒成印版，绝不允许尺寸大小不一，要求从严才不致发生套印不准、产品模糊，最后仍要补版的情况。

② 色调、阶调的检查

阳图网纹版面的深淡、层次的变化，主要根据原稿类别、色调气氛，结合各色版的本身特点，并按照在干片修正时色量分配的设想，进行检查。

进行版子的深、淡，平、实，虚检查时，对于较大尺寸的版面应先离台稍远些看，才可从其全貌加以确定，不致"一叶障目，不及其余"。用放大镜鉴别网点大小成数须按确定的高、中、低三个阶调的深淡，先行检查，然后以此作为各级层次对比的依据检查中，对于尚可挽回的、过深的局部，可在照相后用减力液减淡。总之，要照顾总体，力求获得大部分、主要部分色调、层次正确的印版。

③ 对各色版的一般要求

黄版：是弱色，多数画面的色彩，需要它组合，一般要求稍平，稍深。

品红版：色相鲜明突出，目前多数尚有淡色辅助，版的深淡、平崭要求适中。

青版：色相明暗适中，也常有淡色配合，一般要求平崭、深淡适中。

黑版：黑版多用作轮廓版，阶调短些；但原稿层次柔和的，则不能过崭，一般的要求是轮廓清楚实在、淡调不满。

淡色版：淡红版、淡蓝版原则上比大红版、大蓝版深，但并不是版面上每一部分都要比深色版深，还是要根据各色版在各色域的要求而定。深色版在高调处安放尖网有困难，淡色版就是要起配合作用，以资弥补。

2. 准备修复材料

修复材料主要有专用修版液、封网胶、感光胶、胶带纸及修版工具。

3. 修版

修版过程中要求仔细认真，注意清洁。

【注意事项】

（1）封孔及修版中，注意图文线条的光洁度和空白部分的脏点，修版胶层厚度要达到密度要求。

（2）网目调网点部位不能修脏。

任务五 印刷

支撑知识

知识一 半自动丝网印刷机的基本结构

1. 传动装置

① 电机部分。一般丝网印刷机多采用 4 级交流电机，电压 380V 或 220V，功率依机器而定，大型设备可用 2 台或 3 台电机分别驱动。

② 气泵部分。气动丝网印刷机一般需要 6kgf/cm² 以上的气源，有的机器自带气泵，有的需另配气泵，也可接共用气源。目前也有比较先进的全伺服拉带系统，光电追踪，弥补了传统气动机由于气压影响，而影响套色不准确。

③ 液压泵。液压丝网印刷机的动力来源是液压汞。

④ 电磁离合器。丝网印刷机上的电磁离合器有与电机为一体的，也有单体安装的。其作用是变电机频繁启动为常转，使执行部件动作灵敏，免受电机惯性影响。

⑤ 减速器。一般采用蜗轮蜗杆减速器，其传动比较大，体积小结构紧凑，用于传递功率、减速，调整输入、输出轴方向及安装方位。这里需指出的是，在通过一台减速器带动几个动作的情况下，其啮合间隙应要求小些，不然会因受力方向的改变而出现某些动作不稳现象。也可采用皮带减速，但必须在蜗轮蜗杆减速器之前，不影响整机相位关系。

⑥ 调速机构。如果只有一个速度，那么就会出现大印件印刷速度高，小印件印刷速度低的现象。印刷速度会因印件尺寸相差几倍而差几倍，实际上小印件不一定要求印刷速度低，大印件也不一定要求印刷速度高。因此根据不同印刷工艺的要求，考虑生产效率和工人操作熟练程度的因素，一般丝印机都配备调速机构。调速机构分有级和无级两类，多数中小型机都采用无级调速机构。

2. 印版装置

① 印版夹持器。要求夹持牢固，在夹持点上不破坏网框。夹持架方式很多，但被广泛采用的是槽形体加丝杆压脚夹紧，如图 4-5-1 所示。

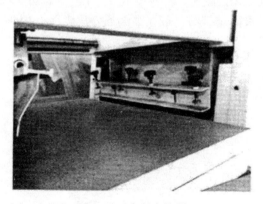

图 4-5-1 印版夹持器

② 印版起落机构。揭书式起落印版的丝印机，一般采用凸轮机构，或者再加摆杆机构；水平升降式起落印版的丝印机，一般采用气缸导柱结构或凸轮导柱结构。结构可以多样化，但有一点要求是必须达到的，即每次印刷动作完成后，印版再次落到工作位置时，其与平台的相对位置应保持不变。为了提高丝网印版与平台间的重复位置精度，有采用专门定位机构的，如双雄销、定位块、

滚轮等。

③ 抬网补偿机构。为避免离网角随着墨板行程逐渐加大而变小的不利影响，在高精度丝网印刷机上可增补偿机构，一般采用网框前端挂拉簧，同时刮墨板装置加滚轮压在网框斜面。印刷行程刚开始，滚轮压网框，拉簧伸长，使网版与工作平台平行，随印刷行程逐渐加大，拉簧逐渐将网版前端抬起，达到补偿离网角的目的。但是抬网补偿动作会引起网台距的不一致，因此应允许网台距后边数值小，甚至为 0，进而对网台距进行补偿。

3. 印刷装置

① 刮墨和回墨系统，如图 4-5-2 所示。

图 4-5-2　刮墨板（左）和回墨板（右）

刮墨是实现丝印的主要动作，要求刮墨板的高低及刮墨压力可做调整。此外，要求刮墨板的刮印角度也可做调节，以保证其与网版呈最佳角度。

回墨是在一次刮印之后，把油墨送回起始端并均匀地在丝网印版上敷上一层油墨，以便再次进行印刷的过程。回墨板一般为底面光滑的金属刮板，其宽度应稍大于刮墨板。墨板应与网版平行，其水平高度应可调节，回墨板底面与网版面的间隙即为印刷墨层的厚度。回墨板在运动过程中应可做上下自由浮动，如果由于墨层过稠、过厚、干固等原因造成阻力超过其自身重量时，应能自动抬起让过墨层，保护网版不受损坏。

刮墨系统和回墨系统通常安装在刮板滑架上，在往复运动中，令刮墨板和回墨板做交替起落，分别实现刮墨和回墨动作。刮板的起落，在一般平面半自动机上采用机械式换向，在精密半自动平面机上则多采用气动控制。

刮墨和回墨动作，有时也可采用一把刮板实现。如手动曲面机，在刮印完成时，依靠一种独特的跳墨机构，即可在返程时把油墨均匀地敷在丝网印版上，以便下次印刷时使用。

② 刮板滑架。刮板滑架的移动是实现刮板印刷或回墨的主运动，如图 4-5-3 所示，其往复行程即为印件所需要的印刷长度。要求刮板印刷时，运动轨迹与承印平台保证平行，并尽可能实现匀速运动。滑架的移动一般与滑轨配合进行，目前常见的滑轨有双圆柱式、圆柱滑块式和同步链条式，前两种用

图 4-5-3　刮板滑架

于印刷行程较短的平面丝印机，后者用于印刷幅面较大的丝印机。

③ 印刷装置的传动装置。大多通过皮带、齿轮、蜗轮蜗杆减速及无级调速系统，也有采用针轮、凸轮曲柄机构、平行四连杆机构或链条机构的。前者结构简单，操作方便，但运动不够均匀。后者传动平稳，但结构较复杂。其控制系统有机电控制和气液控制两大类。

④ 网版升降装置。为了保证丝网印版升降或起落的一致性，保证重复运动精度，印刷装置的部件制作精度要求较高。

4. 支撑装置

支撑装置即印刷过程中承印物的支撑载体，它是用来固定承印物的，也就是常说的印刷工作台。常见的工作台主要有平面工作台、T型工作台、吸气工作台、圆柱体工作台和椭圆体工作台等类型。承印平台应具有较高的平面度，并能保证套印重复精度；承印平台上应具有印件定位装置；为适应不同厚度的承印物和保持一定的网版距，平台的高度应可调整；为对版方便，承印平台在水平方向应可调节。

最常用的典型的半自动平面丝印机，其承印平台均带有真空吸附设施，用以固定不透气的片状承印物，加纸张、塑料薄膜等，如图 4-5-4 所示。

图 4-5-4 工作台上的定位孔

5. 对版机构

对版机构一般有光照对版、机械对版、电子对版。对版机构放在支承装置内或者放在印版装置内都可以，但一般半自动机均放在支承装置内。

对版时平台位置移动，一般是靠机械螺纹旋动来实现的，并应有可靠的锁紧装置和移位导向（燕尾槽或导向键等）。

定位包括两层意思，一层意思是印件的坐标位置正确，另一层意思是在印刷过程中，印件始终保持这个正确位置，这是提高印件精度的环节之一。

6. 干燥装置

由于丝印的墨层很厚，因此油墨的干燥问题较一般印刷方法更加突出。单色丝印机往往不配备干燥系统，工件在印后采用晾架晾干或用烘箱烘干，而自动线或多色丝印机则必须配备干燥装置，使印件上印刷的前一色油墨快速干燥后，才能再进行第二色印刷，否则会发生印刷故障，即在多色自动丝网印刷机的每两色机组之间都要有干燥装置。干燥系统的设置，往往要与采用的油墨相匹配，如半自动平面五色丝印机采用远红外电热管热风烘干。随着紫外线固化油墨（UV墨）的出现，紫外光固化烘干装置已得到实际应用。

知识二 半自动丝机的维护与保养

（1）初步清理 内容包括全面清理尘土和脏物，重点是使设备处于正常状态，并进行润滑，调整机器设备的各部分，发现故障部位并进行修复。

（2）清除脏物源头 找到尘土、脏物和泄漏物的来源并彻底清除；改进难以进行清理和润滑的部位，以缩短清理和润滑时间。

（3）制定清理和润滑标准　制定相关标准，以便能坚持定期清理、润滑和在短期内完成机器各部分的调整。

（4）全面检查　利用检查手册对操作者进行检查技能的培训，使他们能够通过检查，查明次要的设备缺陷并予以修复。

（5）进行自检　编制自检单并逐项完成自检。

（6）整顿和整洁　使各种设备的现场管理项目标准化，并设计维护管理的全面系统化，包括清理、检查、润滑的标准；工作场地实物分布的标准；模具、夹具和工具以及各工序中成品、半成品的堆放管理标准化。

【注意事项】

除了正常检查设备外，还要实施全面的自主管理。制定全面的方针和目标，改进日常工作，坚持记录设备操作，分析资料，并对设备进行改进。

知识三　刮印角

一、刮印角的含义

所谓刮板刮印角是指印刷面和刮板在刮印运动时所夹的角度 α，如图 4-5-5 所示。刮板刮印角对油墨转移量和印出的图文质量有一定的影响，简单地说刮印角越大，漏墨量越少，刮印角越小，漏墨量就越大。刮印角的确定是网印中复杂的实际问题。它与刮板压力及刮板硬度都有密切关系，而且由于承印物表面形状也是多种多样的，所以，在实际印刷时，要根据承印物的形状、特性来选择确定刮印角。刮印角调节范围应在55°～88°，一般为 70°。

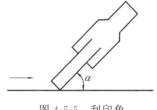

图 4-5-5　刮印角

二、刮墨板调整的基本方法

（1）手工网印　手工刮印操作时，只能凭经验大致确定刮印角。

（2）机器网印　通过调整刮墨板角度调整装置，来调整刮墨板的倾角。印刷头组件结构如图 4-5-6 所示。

① 印刷刮墨板组件

a. 刮墨板。

b. 刮墨板固定卡：把副墨板插入卡内，旋紧手柄。

c. 刮墨板角度调整装置：松开左右螺栓，刮墨板倾斜到 65°～85°，再锁紧左右螺栓。

d. 刮墨板行程调节手柄：限制刮墨板行程，左右需调一致。

② 回墨刮板组件。安装、调整方法与印刷刮板相同。

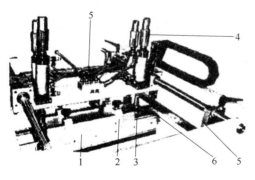

图 4-5-6　印刷头组件

1—印刷刮板　2—刮板固定卡　3—刮板角度调整装置
4—刮板行程调节手柄　5—前后限位挡板　6—回墨板

三、刮墨板刮印速度对刮印角度的影响

在网版印刷过程中，刮墨板刮印速度与刮墨板角度有着直接的关系。

刮墨板刮印速度的变化会引起刮墨板与丝网印版的摩擦阻抗及油墨黏性阻抗的变化，也会带来刮墨板角度的变化。刮墨板刮印速度越大，阻力越大，刮墨板弯曲也就越大，刮墨板弯曲变大就使刮墨板角度变小。刮墨板角度的变化对油墨的供给量会产生影响。

四、印刷时刮墨板要稍歪一点

在印刷时，刮墨板长度方向和行程方向不相垂直往往会取得较好的印刷效果。这是因为印刷时，油墨所受的剪切力越大，则印迹边缘越清晰。而油墨所受的剪切力大小与两剪切面夹角（如图 4-5-7 所示）余弦成正比，即夹角越大，剪切力也就越大。为此应在墨刀—丝网、丝网—图像之间保持一定的交角。如果图像与墨刀之间的夹角 α＝0°，不仅剪切力小，而且填墨时网孔内容易夹进气泡，印刷效果变差，在印刷平行线条时影响尤其明显。剪切角大，虽然剪切效果好，但是由于墨刀的歪斜，却会使油墨流向一边而影响油墨的均匀性，所以结合印刷工艺刮墨板的角度以 6°～10°为宜，刮墨板的歪斜在手工印刷时较易做到，而机械印刷时则不易做到，因此为了提高油墨的剪切力，也可以采取斜晒版的方法，而不改变刮墨的方向。

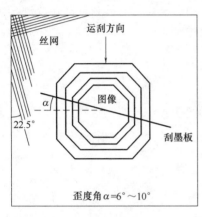

图 4-5-7　各要素之间的角度关系

五、调整刮印的角度

操作步骤如下：

（1）了解承印物实际需要的刮印角度　刮印角度对印刷质量有重要意义，调整刮印角度就必须了解承印物实际需要的刮印角度的大小。

（2）调整刮墨板的倾角

① 拧松刮墨板角度调整装置。

② 放置半圆仪（如图 4-5-8 所示）于刮墨板的一端。

③ 半圆仪的圆心对准刮墨板与印刷台面的接触点。

④ 根据半圆仪上的度数，把刮墨板的刮印角调整到确定的刮印角度。

⑤ 拧紧刮墨板的调整装置。

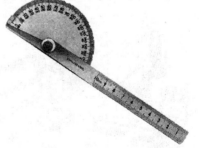

图 4-5-8　钢板直尺与半圆仪

知识四　刮印压力

一、刮墨板压力的重要性

刮板在印刷时要保持一定的压力实现印刷。丝网印版只有在刮板的一定压力下才能与

承印物表面接触，而且呈线性接触。压印力小时，印版就接触不到承印物表面而无法实施印刷。压印力过大则会使刮板弯曲变形（与丝网印版和承印物呈面接触），影响印刷质量。

压印力过大还会加快刮板和丝网印版的磨损，减少刮板和丝网印版的使用寿命，而且还会导致丝网印版松弛，使承印物画面变形。因此，在一定印刷条件之下，正确掌握压印力，对正确实施印刷、保证印刷质量是非常重要的。

二、刮墨板的角度与印压的关系

由于刮板在印刷过程中不仅要有一定的压力，而且还要有一定的力使刮板移动。刮板在刮印过程中还要保持一定的角度 α，假定刮板在刮印中不弯曲，则有：

$$\overline{F_0} = \overline{F_1} + \overline{F_2}$$
$$F_1 = F_0 \sin\alpha$$
$$F_2 = F_0 \cos\alpha$$

式中：F_0——合力；

　　　F_1——使刮板移动的力；

　　　F_2——压印力。

根据上式，压印力 F_2 随刮板与丝网印版的角度 α 变化而变化。α 角越大，F_2 力越小；α 角越小，F_2 力越大。

知识五　印刷色序

一、四色网点丝印印刷色序的考虑的原则

确定丝网印刷色序要考虑两个因素，其中一个因素是承印物上印墨的透明度如何，这是两因素中的主要因素。由于丝网印刷是通过各种颜色的油墨混合或叠合而产生新的色彩，如果承印物上印墨透明度差，在印刷第二色时就会将第一色墨迹盖住，而不能与第二色合二为一生成新色。第二个因素是人的眼睛对各种色彩感受的能力是不相同的。一般来说，人的眼睛对品红色最敏感，青色次之，对黄色敏感性最差。由于人们对颜色敏感性有差别，往往造成对黄色网点的扩大或缩小，丢失和墨量大小的变化分辨不清，从而影响印刷质量。

彩色网版印刷的色序排列由于网版印刷中承印物形状的不同（平面、曲面之分）以及承印物材料性质的不同，色序也有所不同，色序的排列对反映原稿色彩有着重要制约关系，如何保证色彩不失真，除要正确掌握油墨的使用外，还需要长期工作实践及经验积累，去不断摸索总结。

二、套印顺序的确定原则

根据网印复制品颜色的深浅，色调的明暗，图案的大小，套印的难易，来选择合理的印刷顺序。套印顺序是以最终的网印品质量为考虑依据的。

（1）先印普通印花，后印特种印花，普通印刷（染料或涂料网印）和特种印刷（发泡、夜光、珠光等网印）在同一承印物上时，应先进行普通印刷，再进行特种印刷。

（2）如多色套印叠印，应先印深色后印浅色；如套印和叠印在不同颜色同时存在时，

可先套印后叠印。

（3）图案尺寸相差很大时，可先印小的后印大的。

三、网版印刷中常用的色序排列

（1）常用的色序黄、品红、青、黑；黄、青、品红、黑；青、品红、黄、黑。

（2）投影（重合）定位法的色序：先印深色，主要印出套合定位"＋"线，便于套印。多用黑、黄、青、品红。

（3）理想（正确的）色序排列：青、黄、品红、黑，这种安排方法比较好，因为先印青色，再印第2色后油墨叠合成绿色，绿色是大地的颜色，生命的颜色，人眼对绿色识别的能力很强，可以用色标、梯尺来检查色彩和阶调印刷质量，第3色套印品红，完成了三原色版套印，再检查三原色黄、品红、青色料颜色的混合效果，是否偏色，阶调层次是否丢失，最后印刷黑色版（轮廓版），它的作用是加强图像的反差，使图像的细微层次得到加强，提高的清晰度，减少三原色的墨量和墨层厚度，增加叠印牢度。

边学边练

知识六　印版图文尺寸

1. 印版规矩线

印刷中，规矩线是每色图文准确套印或成品尺寸裁切的依据，如图4-5-9所示。

① 十字规矩线由互相垂直的横、竖细实线构成，传动侧和操作侧各一，互为对称，拖梢处有一个，十字线的竖线是轴向图文位置调节依据，横线是径向图文位置调节依据。

② 角线分布在印版的四角，图文印入纸张，四角的角线必须印齐全。

③ 裁切线是印品有效而最小的净切尺寸。切线的位置在所有规矩线的最里面（如图4-5-9角线上的虚线），所以当裁切光边时，其他的规矩线都会被跟着切掉。

遇多幅拼图或复杂印件时三种规线均需设置；单幅或简单印件，只需设置十字规线；模切印件，往往借用十字线。

2. 测量印版图文尺寸的重要性

① 印版的图文的尺寸决定所使用承印物的尺寸的大小，为了满足印刷图文的要求，又节约承印物，降低生产成本，一般裁切承印物的尺寸参考图4-5-10。

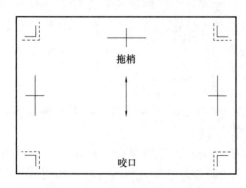

图4-5-9　印版规矩线的布局示意图

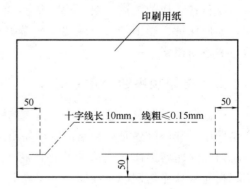

图4-5-10　印刷用纸尺寸的大小

② 印版的图文尺寸是决定最终印刷成品尺寸的最主要因素。网印版上的图文尺寸不准确，当然不可能印出尺寸精确的图文。

3. 常用的公制和英制的长度单位以及它们的换算

测量印版图文尺寸常用的单位是厘米和英寸，前者为公制单位，后者为英制单位。英制与公制之间的换算关系是 1in＝2.54cm。

任务 1　测量印版的图文尺寸

操作步骤：

（1）将网印版平面（印刷面）朝下放在一个平滑的工作台上。

（2）准备测量工具。根据印版的大小，可以使用直尺、三角板或测长仪等工具。

（3）测量

① 有裁切规线时

测版上部两条裁切线的距离（如图 4-5-11①所示）。

测版下部两条裁切线的距离（如图 4-5-11②所示）。

测版左侧两条裁切线的距离（如图 4-5-11③所示）。

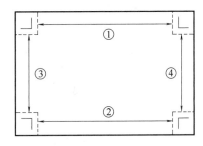

图 4-5-11　测量规线的距离

测版右侧两条裁切线的距离（如图 4-5-11④所示）。

② 无裁切线，只有十字规线时。测量相对应两个十字规线的距离。

（4）核对　将测量数据提交师傅，核对生产通知书与成品的尺寸是否符合。

【注意事项】

（1）往网版上放、取测量工具时，动作一定要轻，以免碰伤网版。

（2）测量用尺，应使用计量标准认可的 Mc 标注的钢尺。

知识七　网印版上灰尘的清洁

1. 去除网印版上灰尘的重要性

如果网印版上有灰尘，印刷图像区域的墨层上会出现白点、白斑或针孔等印刷疵病，直接影响到印刷品的质量。

2. 印版表面灰尘的去除方法

① 干法去灰。例如用洁净的软布（或海绵）擦版或用软毛刷刷版，用电吹风的冷风档吹版。

② 湿法去灰。例如用蘸过水的软布擦版、用水龙头喷头喷版。

任务 2　清洁网印版上的灰尘

操作步骤：

（1）检查网印版上是否有灰尘　网印版上如有灰尘就会影响印刷质量，所以必须仔细检查，及时去除。

（2）干法去灰的操作步骤

① 备物。准备洁净的擦布或海绵、洁净的软毛刷、吹风机。

② 备版。一手握网印版，将其垂直竖立于工作台上。

③ 洁版。另一手用擦布顺序轻擦网印版两面；或用软毛刷轻刷网印版两面；或开启吹风机开关的冷风档，朝版面吹。

（3）湿法去灰操作步骤

① 备物。水龙头上接软管、喷头。

② 备版。一手握网印版悬于水槽内。

③ 洁版。另一手握水管喷头，开启水龙头开关，喷头朝向印版面，顺序喷版或用蘸过水的湿布擦版。

④ 干燥。在无尘条件下将湿版晾干或在干燥箱中烘干。

【注意事项】

（1）使用的擦布一定要柔软、干净。

（2）擦拭时不要碰坏或划伤网印版的版膜。

技能训练

任务 3　四色油墨调配

操作步骤：

（1）分析色样，一般客户提供打样稿，根据样稿的图案颜色调配专色色样，分析色样的基本组成及大致比例成分，选择好相应的颜料及浆料。本次项目选择 UV 油墨，准备四色 UV 油墨及稀释剂。

（2）用调墨刀充分搅拌 UV 油墨，如图 4-5-12 所示。

图 4-5-12　油墨的调配

（3）调节油墨适性，主要是调节油墨的黏稠度，一般采用稀释剂对油墨稀释。

（4）调配完毕后，将油墨封盖保存。

【注意事项】

（1）调墨时，要先调配小量，再根据比例调配大量油墨。要根据产品印量及图案面积大小估算好油墨的耗量。

（2）不同系列的四色油墨不可混用或调配，调墨时尽量用少量颜料种类。

（3）可根据印刷要求及产品要求加入适当的助剂，如：增稠剂、固浆、厚膜胶等。四色油墨必须使用该系列的专用开油水或特慢干稀释剂。

（4）调配好的油墨，一定要打样检查。

【常见故障分析】如表 4-5-1 所示。

表 4-5-1　　　　　　　　　　　　　　调墨常见故障分析

序号	现　象	原　因	解决办法
故障 1	油墨色相不准确	油墨成分不合理或成分比例不正确	重新分析颜色成分,继续调配油墨,直到打样颜色符合色样要求。
故障 2	油墨太稀	调配时稀释剂过多	若使用的是尼龙油墨,则添加部分增稠剂或放置一段时间后待其挥发后再使用。若是胶浆,则添加增稠剂。
故障 3	油墨很稠	调墨时稀释剂不够	添加稀释剂,调配好后要封盖保存好。

任务 4　半自动网印机完成印刷

操作步骤：

（1）检查印刷设备工作是否正常

① 检查设备安全保护装置、保险杠是否正常，如图 4-5-13 所示。

② 检查机器运行正常，点击各个按钮，如图 4-5-14 所示，看看设备运行情况，包括：刮墨过程、回墨过程、网版升降、刮墨刀升降、回墨刀的升降、半自动运行、气阀给气量（6～7MPa），如图 4-5-15 所示。

③ 检测 UV 光固机，开启固化机、调整传送速度（速度一般达到 7，否则纸张高温容易燃）、灯管开启正常，如图 4-5-16 所示。

④ 检查印刷平台平整度。

图 4-5-13　所示检查设备安全

图 4-5-14　所示点击各个按钮

图 4-5-15　所示检查气阀给气量

图 4-5-16　所示检测 UV 光固机

（2）安装覆墨板（如图 4-5-17 所示）

选择覆墨板，检查刀是否平。将刀放到平台上或网版上，观察接触面是否透光，刀口与台面垂直；检查刀是否直。

先将夹刀器具的压力调小，即升高，避免压破网，但不要升到极限。

正确调节覆墨板角度，注意刀方向，安装覆墨刀居中；调整角度至垂直即可。

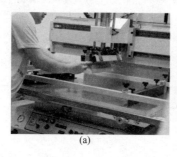

(a)　　　　　　　　　　　(b)

图 4-5-17　安装覆墨板

（3）正确安装刮墨板（如图 4-5-18 所示）

先将夹刀器具的压力调小，即升高，避免升到极限位置，避免压破网。然后再安装刀，要求居中。

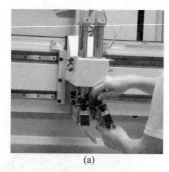

(a)　　　　　　　　　　　(b)

图 4-5-18　安装刮墨板

（4）正确安装印版（如图 4-5-19 所示）

检查印版质量，判断网版的安装方向（多色套印，每次印刷方向要一致）；将刮墨刀具整体抬起，然后安装印版，夹版要拧紧，前端夹版要靠紧拧紧。务必要拧紧，网版不能松！一般居中安装。

图 4-5-19　安装印版

（5）正确调节印版网距（如图 4-5-20 所示）

调整网距，3～5mm 合适。四角距离一致，可用尺子量或眼观察判断即可，避免出现明显四角距离不一致、明显太高或太低现象。

（6）正确调节覆墨板压力（如图 4-5-21 所示）

调整水平及压力，先将刀调整到下刮模式，刀不可接触到网版，可先把刀抬高些，然后将刀慢慢往下调，直到刚接触网版面，观察水平度（是否透光），调整好压力至刚接触或稍微下凸一点点。

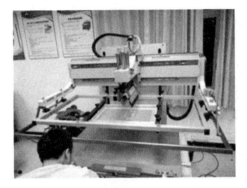

图 4-5-20　调节网距

图 4-5-21　调节覆墨板压力

（7）调节刮墨板刮角与调节刮墨板压力（如图 4-5-22 所示）

调整水平及压力，先将刀调整到下刮模式，刀不可接触到网版，可把刀抬高些，将刀慢慢往下调，直到刚接触网版，如图 4-5-22（a）所示；然后将 2 张纸条间隔一定距离放到承印台上，将网版整个放下，下刀，两手抽取纸条，根据抽取的松紧度来调整压力大小，如图 4-5-22（b）、图 4-5-22（c）所示。要求：两边松紧度一致，表示刀水平、压力均衡；当用很大力才可抽动纸张时，表示压力基本合适（要根据训练时感觉来定）。

注意：当纸张材料不同时，表面光滑程度不同，若是光滑纸张，则拉力要小一些。

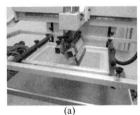
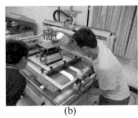
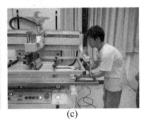

(a)　　　　　　　　　(b)　　　　　　　　　(c)

图 4-5-22　刮墨板角度和压力的调整

（8）在印台上对承印物进行定位

先关闭气阀，再关闭总开关，防止出现安全事故。

丝网印刷套色过程，要求同一张承印材料必须在同一个位置定位。因此，先根据承印物标注好的定位位置（一般第一张上有注明），定位时，纸张长边 2 个定位标识、短边 1 个定位标识。

先选 1 张过版印样纸，放到承印台居中，应注意印样方向，如果是已经印好多色的，一般会告知定位方向，会做有标识，然后贴上 2 条纸带（贴的位置不要与定位片位置重叠），放下版，如图 4-5-22（a）所示，手下压网版，对准样张的定位标志（十字线、角线或给定的套印标志），拖动纸条进行对准定位，如图 4-5-23（b）、图 4-5-23（c）所示。注意：在刮印方向，由于网纱伸长变形，大概伸长 0.2mm 左右，因此定位时，在刮印反方向上，网版图案上抬 0.2mm。定位完毕，打开总电源、气泵，选择长时吸风，抬起印版，然后贴定位片，如图 4-5-23（d）所示，长边两个定位规、短边一个定位规，要求贴近、贴准确。取下过版纸。

(a)   (b)

(c)   (d)

图 4-5-23 承印物的定位

（9）上墨

将调配好的油墨倒在网版上。

（10）印刷（如图 4-5-24 所示）

试印刷，将版装好，将纸张放置承印台上，开启机器印刷，印刷完毕，检查承印物的质量，推敲网版的质量。如果图文转移不好，可能是网版晒版质量不好。

印刷过程要调节以下几个参数：

① 调节刮墨板、覆墨板行程。根据图案大小，调节刮墨行程。大于图案，一般印刷起刀位置（覆墨刀）距离图案最边缘 5～7cm，印刷结束位置则宽些，刮墨刀距离图案最边缘达 7～10cm；

② 调节刮墨板、覆墨板行程速度。调节速度旋钮，一般刮墨速度慢些、回墨速度可快些。

③ 调节印机给气量。一般气压 6～7Pa，检查好并调节。

图 4-5-24 印刷

（11）将印好的纸张放到 UV 烘干机烘干（如图 4-5-25 所示）

（12）换版

图 4-5-25　UV 烘干机烘干

将 Y 版换下，对网框、刮墨刀用洗网水清洗干净，按照原稿的质量，颜色深浅分析后，选择下一色印刷，一般选择 M 版。

（13）重复（2）～（11）步骤后，进行定位

① 微调。上油墨后放置 Y 样张进行试印，根据印张上 YM 套准线，对承印台进行微调，直到套准为止。

② 同一样张，要统一方向印刷。

③ 因网纱有偏移，刮印会产生错位，所以下一个色序印刷要稍偏 0.3mm（根据实际情况调整）。

④ 每次印刷前，先印单张，根据效果调节合适的压力。

⑤ 如何判断单张印刷品的好坏：一看压力，如果压力过重，会出现糊版，层次不明显；二看阶调，包括阶调的还原程度，颜色的还原程度。

（14）按照以上方法，分别套印 CK。

（15）印后处理

① 印刷品干燥。油墨未干之前及时晾开，不可叠放；不可触摸图文部分。

② 用扁铲铲下印版、刮墨刀、回墨刀上的油墨，将油墨回收到回收油墨桶里。深色油墨可以直接回收到原来的墨桶里，浅色油墨一般单独回收。

③ 印版处理。先将从丝网印刷机上卸下的丝网印版放到水桶或水池里浸泡 5～10min，再将印版从水池里取出，用高压水枪冲洗，直到印版表面的油墨完全重新干净。洗版，不可留有残墨，无异物；然后充分干燥，妥善保存。

④ 刀具清洗和保养。将刮墨刀卸下浸泡一段时间，然后进行清洗，清理凝结的油墨或胶水时，动作要轻，防止碰伤刀口，再用适量溶剂擦洗干净，放到指定位置以免损伤胶条口，再放置一段时间，使胶条缩小恢复。

⑤ 工作台清洗。清除工作台面上的残留油墨、胶水、灰尘及上次印刷的定位痕迹。

⑥ 材料归位。检查所用的油墨罐、感光胶等是否封口，将用过的材料放回原处。

⑦ 印刷场所清理。打扫地面，将用过的废料清理走，以保持印刷、制版车间的清洁。

【注意事项】

（1）印刷时，先检查压力，后检查套准。

（2）印刷过程，观察版上油墨量是否足够，不够就加墨。同时注意观察是否糊版（一般不会），注意观察版是否沾了灰尘，并及时擦除。

（3）印刷完毕后，放下印版，回收油墨，用洗网水清洗刮墨刀、回墨刀、印版，最后取下印版，摆放好。

（4）纸印刷品上的脏污无法排除，印刷中应避免上脏。

（5）塑料、金属、玻璃印刷品的除脏作业，需注意选用对承印物无腐蚀作用的溶剂。

（6）除脏工作的操作都要注意不可损伤图文。

【常见故障分析】如表 4-5-2 所示。

表 4-5-2   半自动丝印常见故障分析

序号	现　象	原　因	解 决 办 法
故障 1	图案不清晰、糊版	刮墨刀压力设置过小，图案不清晰压力设置过大，造成糊版。	调整刀口水平度
故障 2	堵网	油墨干燥过快	在一次刮墨后不选择回墨，迅速用沾有洗网水的碎布擦洗；即时回墨。
故障 3	套印不准	定位不准确	通过承印台进行调准
故障 4	印刷品与样张的颜色不一致	印刷压力或印刷色序不恰当	调整印刷色序，更换其他品牌的油墨，调节印刷过程中的压力问题
故障 5	蹭脏	油墨干燥不充分；油墨太稀，透过承印物；未干时叠放在一起手触碰了印刷品。	
故障 6	回收的网纱堵死了网孔	洗版时，没有清洗干净，留有油墨、灰尘	印版清洗干净
故障 7	刮墨刀有损伤	清洗时用了硬物擦洗，划伤	清洗时避免硬物擦洗，划伤
故障 8	工作平台不平稳	脚架松了，材料及物品堆放杂乱、使用时不注意整洁，乱放	拧紧脚架
故障 9	物品无标签	忘了贴或使用时脱落	重新贴标签

任务六 ｜ 质量控制

支撑知识

知识一　密度的测量方法

印刷业从属于信息传播产业，而 80% 以上的信息是通过人的视觉传播的。虽然现在的多媒体产品也包括有声音传播的信息，但其中占主导地位的仍是视觉信息。信息视觉效果的好坏取决于对象物体通过光学现象产生的颜色深浅差异。在所有印刷品的评价过程中，包括丝网印刷品在内，常常运用密度计对印刷品质量进行检测，通常称为密度测量方法。密度测量实质上是对反射光或透射光的光量大小的度量，是视觉感受对无彩色的黑、白、灰组成的画面明暗程度的度量。密度测量方法不仅能够测量密度值，还能测量网点增大、叠印率、相对反差等值，它是一种最早、最简单而又经济的客观检测方法。密度测量法在印刷中对于颜色的控制，实际上主要是控制印刷墨层厚度的变化。

1. 密度的概念

密度可定义为表面吸收入射光的比例。不过，由于表面吸收光的数量很难用仪器来测量，因此，用大家认可的方法来测量从测试表面反射或透射光的比例，并假设（用于实际测量目的）所吸收的光量等于入射光（照射的光）减去反射光或透射光的数量。

也有人将密度称为"黑度"，它从侧面反映出密度中与人眼直接关联的没有量纲的物理量。所以，光学密度也可称之为"视觉密度"。它必须要符合人眼的"明视觉函数曲线"和"暗视觉函数曲线"。密度可间接表示物体吸收光量大小的性质。物体吸收光量大，其密度就高，物体吸收光量小，其密度就低。

印刷复制中使用的密度形式主要有：用于不透明物体的反射密度；用于透射物体的透射密度；用于网目调区域的网点积分密度。之所以采用密度作为参数，主要有以下三个优点：

① 这种测量值与墨层厚度之间呈现出更加明显的线性关系。

② 它更好地将人眼对亮度差别的视觉感觉联系起来。

③ 它提高了反射率差别较小时的测量精度。

2. 密度的分类

（1）反射密度　光的反射现象可用反射率来度量。当一束光线射向一个不透明的物体时，有部分光被物体表面吸收，另一部分光则被反射出来。若设入射光通量为 Φ_0，反射光通量为 Φ_f，入射光通量和反射光通量的比值是固定的值 F，称为反射率。

$$F = \frac{\Phi_f}{\Phi_0}$$

反射密度的定义是以取 10 为底的反射率 F 倒数的对数，即对反射光通量与入射光通量比值的倒数再取以 10 为底的对数，用 D_F 表示：

$$D_F = \lg \frac{1}{F}$$

（2）透射密度　光的透射现象可用透射率来度量。一束光线射向具有透过能力的物体时，将有部分光被吸收，另一部分光透射出来。其透射光通量和入射光通量的比值是一固定值，其比值称为透射率，在此可将它记作 T。

若设入射光通量为 Φ_0，透射光通量为 Φ_t，则透射率 T 用下式表达：

$$T = \frac{\Phi_t}{\Phi_0}$$

透射密度可以反映具有一定透明特性的材料吸收光的性能，用透射率的倒数的对数来表示（如密度越大表明材料吸收的光越多）。

设透射密度为 D，透射率为 T，类似于反射密度定义，则透射密度用公式表达如下：

$$D = \lg \frac{1}{T}$$

透射密度主要用于传统印前生产中控制胶片、分色片的质量。

3. 密度计

（1）密度计的分类　根据测量物体的不同，密度计分为两大类：反射密度计和透射密度计。反射密度计主要测量反射物体的密度值，例如反射稿、印刷品的密度值。通过反射密度计测量实地密度能够监控墨量的多少，同时反射密度计还能检测印刷品的一些特性参数。透射密度计主要测量透射物体的密度值，一般是用在透射原稿的分析，输出分色片及制版工序测量分色片的密度值上。常用的反射密度计有手持式反射密度计和扫描式反射密度计。手持式反射密度计在印刷标准化生产过程中用途较大，它是随机抽样检查来控制印刷质量的重要工具，扫描式反射密度计常用于在线检测过程中，通过扫描印张上的测控条，达到连续监测印刷质量的目的，尤其在高速运转的卷筒纸印刷中作用更大。

（2）密度计的组成　密度计属于精密光学电子仪器，其主要作用是进行密度的测量和计算。密度计一般由照明系统、采集光和测量的系统和信号处理系统组成，具体由照明光源、透镜、彩色滤色片、传感器、显示器等部分组成。

① 照明系统。由光源、照明光路和供给光源能源的电源构成。光源发出的光经过转换使其符合 ANSL/ISO 标准，提供具有一定颜色质量的光（比如要使红光、绿光、蓝光得到平衡），称为标准光源 A。也就是要求光源的相对光谱分布应当符合标准光源 A 的要求，即 $2856K \pm 100K$。

② 采集光和测量的系统。这个系统由光传感器、采集光的光路和只将可见光谱的那部分光线传送到光传感器而把其他部分光线过滤的分光滤色片所组成。通常利用对 $380 \sim 720nm$ 范围内的光辐射具有足够灵敏度的光电传感元件做辐射接受器。密度计采用的光电传感元件主要有光电池、光电倍增管、半导体二极管等。光电二极管与光电倍增管相比体积大大缩小，电源电压也很低，所以光学系统可以设计得很小，成为目前最常用的传感器。这个采集光的系统通常应该包括滤色片，使整个光谱感光度与某些标准相匹配。为了对印刷中所使用的标准黄、品红、青油墨本身的特性和其印刷呈色进行评价，测量滤光片应是与黄、品红、青油墨相对应的补色滤光片，即红、绿、蓝紫滤光片。三个滤光片的光谱谱带应当与标准油墨黄、品红、青的主吸收带的范围接近。测量滤光片的光谱特性取决于通带范围（半峰值与全峰值宽度）。在色密度测量时，密度计光路上有效光谱灵敏度〔它等于传感器的相对光谱灵敏度和测量滤光片的透射率的积〕与光源相对光谱分布函数的积应该是符合标准的，其中光源的光谱辐射是标准的。当改变密度计测量光路上的滤光片时就会改变密度计彩色响应的灵敏度。

③ 信号处理系统。信号处理系统得到入射光和接收到的光能量的电子信号，进行计算和显示。这个系统可能只是简单的比率检测器，连接到模拟式或数字式显示器的对数计算电路，也可能包括存储功能，处理诸如网点增益和反差等衍生出来的问题的功能。

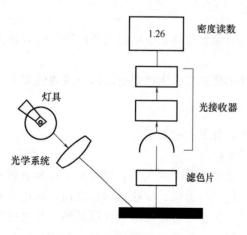

图 4-6-1　密度计的示意图

密度计的示意如图 4-6-1 所示。

（3）密度计的测量注意事项

① 校准。包括白板校准和黑板校准，即调零和调节高密度值。调零是指将理想的完全白色的漫反射表面的密度测量值调为零。调节高密度值是指用标准黑板对密度计进行校准，将测得的密度值设定为已知的标准黑板密度值。

② 密度测量。测量时要使用标准底衬，白色或黑色，以减少周围光线及底衬材料不同造成的读数差异。

测量时密度计的测量头与样品要紧密贴

合，取点要准，位置统一，以减少测量误差。

在同一印刷企业尽量使用同一性能的密度计。不同密度计的测量数值可比较性差。

（4）密度测量的缺点

首先，仪器之间的一致性差，这种差异就会导致不同密度计的读数不能进行比较，在交流沟通上很困难。其次，密度计不能提供与人眼灵敏度相关的心理物理测量，所以也就不能正确反映视感觉的明暗。密度计的分析测量能力是有限的，而且不能准确地表示出颜色的外貌。

4. 密度测量的主要参数

对于一个真正的客观评价来说，客观测量的变量和恰当的测量方法是绝对必要的。印刷图像质量受诸多工艺参数的影响，许多工艺参数往往不是独立变量而是相互影响的。譬如当增加墨层厚度的时候，网点的调值总要跟着增大，套色百分比也要受到影响。这种情况决定了印刷质量控制的复杂性，一个客观有序的质量控制方法的关键在于确定客观测量的变量和采用恰当的测量方法。

使印刷色彩在整个印刷过程中保持正确，主要取决于三个参数：墨层厚度、网点覆盖率和叠印率。这三个参数各有其对应的可供客观测量的物理量，如图 4-6-2 所示。该图表达了三个质量参数与相关物理量之间的纵横关系，描述了印刷图像质量控制的基本原理。

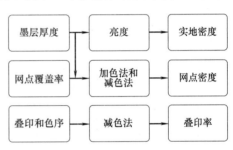

图 4-6-2　质量参数与相关物
理量之间的纵横关系

（1）墨层厚度　一个印刷图像的视觉色彩在某种程度上取决于墨层厚度。当墨层厚度合适的时候，印刷品可得到较大的复制色域。然而，用视觉检测油墨厚度是不充分的，在印刷车间要用密度计通过测量实地密度控制墨层厚度。这是因为墨层厚度与实地密度有密切的关系。墨层的吸收特性取决于油墨的色相、墨层厚度、油墨中颜料的特性和浓度。可是，因为三原色油墨的色相是标准的，颜料的浓度也是规定在一定的范围之内的，所以只有油墨层的厚度可以作为一个变量由人工进行调节。当然，墨层厚度增加到一定程度会达到最大实地密度，就是在充满油墨的容器上测量也不会高出最大密度。所以，在印刷过程中，经常测量实地密度来控制印刷品质量。

（2）网点覆盖率　除了墨层厚度以外，网点覆盖率对印刷质量来说是一个决定性的参数。网点覆盖率的变化既可能是在制版过程中产生的，也可能是在印刷中产生的，网点覆盖率变化将引起错误的阶调复制，即使只有一个色出现网点增大，也会产生不同的色相。当然，对叠印色也产生影响。网点缩小、网点变形、重影、滑版变形都属于网点覆盖率变化的范畴。只凭视觉检查和评价网点质量，其有效性是有限的，最好在打样样张和印刷品之间直接进行比较。

在印刷时附带印刷信号条是检测和评价网点质量的有效办法。信号条指明印刷结果好坏，但不能就网点的变化及其偏差提供绝对的变化数据，因此还需要用密度计进行客观测量，以便对网目调值做出评价。在印刷质量控制和印刷标准化技术中，网点增大的测量值是最重要的变量之一。

此外，当实地密度没有变化时，还可以用相对反差值去判断不同参数对印刷效果的影响。例如：滚筒包衬和印刷压力、橡皮布和衬垫、供水情况、印刷油墨和添加剂等。

（3）油墨叠印率和色序　影响印刷结果的第三个主要变量是油墨叠印率和色序。油墨叠印的质量可以用视觉检查和评判，其方法是观察较大的二色、三色叠印实地块或印刷控制条上的叠印块，如果二色叠印块能够得到满足要求的黑色和灰色，那么可以认为油墨叠印效果是良好的。油墨叠印的客观评价只能用色度测量的办法，但用密度计可以比较容易地测量和计算叠印率，这是一个相对值。

知识二　色度的测量方法

1. 色度测量的基本原理

色度测量是利用色度测量仪器对印刷品进行测量，得到直接描述印刷品颜色的色度数据（例如三刺激值）的方法。色度测量是将人眼对颜色的定性颜色感觉转变成定量的描述，这个描述是基于表色系统。色度测量的依然是从印刷品表面反射或透射出来的光谱，基本原理是依据颜色的三刺激值 XYZ 色度计算公式。

$$X = K \int_\lambda S(\lambda) R(\lambda) \overline{x}(\lambda) \mathrm{d}\lambda$$
$$Y = K \int_\lambda S(\lambda) R(\lambda) \overline{y}(\lambda) \mathrm{d}\lambda$$
$$Z = K \int_\lambda S(\lambda) R(\lambda) \overline{z} \mathrm{d}\lambda$$

式中　　　　$S(\lambda)$——照明光源的光谱分布；

　　　　　　$R(\lambda)$——反射物体的光谱反射率；

$\overline{x}(\lambda)$、$\overline{y}(\lambda)$、$\overline{z}(\lambda)$——光谱三刺激值；

　　　　　　K——系数。$K = \dfrac{100}{\int_\lambda S(\lambda) \overline{y}(\lambda) \mathrm{d}\lambda}$

色度测量直接显示三刺激值 X、Y、Z，而且还可以把三刺激值转换成均匀颜色空间色度坐标，如 CIELAB 坐标。

色度测量方法可以从视觉上均匀并精确地标度评价物体的颜色，利用色度测量方法可以确定一个印刷面的绝对色彩，也可以以一定的公差提供一个样本，还可以通过色差比较对不同的工艺过程进行评价，所以色度测量方法在印刷质量检测中的用途更为广泛，主要表现在以下几个方面：

① 首先在印刷材料的质量控制上。

② 其次色度测量在对于印刷中灰平衡的分析测量、最佳阶调复制以及针对不同油墨、纸张和印刷条件的校色方面也有很大作用。

③ 此外利用这种方法还能分析样张的色彩和印刷用纸的匹配情况，分析预打样工艺中所用颜料的色度特性；分析油墨再现的色域和各套油墨再现色域的不同以及原稿和复制图像之间的关系。

④ 在当前进行色彩管理时要用到色度测量，通过对印刷品的色度测量，实现印刷过程中的色彩控制。

⑤ 采用色度测量规范，提高标准化生产的程度，这样能达到节省材料、减少差错、提高产品质量的目的，实现对印刷色彩的质量控制。

2. 色度测量工具

（1）色度计　色度计是仿照人眼感色的原理制成的，通过对被测颜色表面直接测量获

得与颜色三刺激值 X、Y、Z 成比例的视觉响应，经过换算得出被测颜色的 X、Y、Z 值，也可将这些值转换成其他匀色空间的颜色参数。

色度计一般由照明光源、校正滤色器、探测器组成。照明光源负责照射待测物体，并通过由滤色器和光电接受器组成的光电积分探测器来模拟标准观察者对颜色的三种响应。色度计获得三刺激值的方法是由仪器内部光学模拟积分完成的，也就是由滤色器来校正照明光源和探测器的光谱特性，使输出电信号大小正比于颜色的三刺激值，所以与人的视觉相协调。色度计测量值可以精确地描述色彩，并且与人的视觉相一致。

色度计的使用步骤如下：

① 确定测量孔径大小。

② 选择合适的标准光源。一般印刷工业中进行色彩测量常选用 D_{50} 和 D_{65} 光源。测量反射稿时选用 D_{65} 光源，测量透射稿时选用 D_{50} 光源。

③ 确定视场角。当观察目标直径较小时一般都选用 20°视场角，尤其对印刷图像细节部位进行观察时；当观察目标很大时，应选用 100°视场角。

④ 在标准白板上对色度计进行校准。

⑤ 选定测量对象进行色度测量。

（2）分光光度计　分光光度计测量颜色表面对可见光谱各波长光的反射率。将可见光谱的光以一定步距（5nm、10nm、20mm）照射到颜色表面，然后逐点测量反射率，将各波长光的反射率值与各波长之间关系描点可获得被测颜色表面的分光光度曲线，每一条分光光度曲线唯一地表达一种颜色，也可将测得值转换成其他表色系统值。

分光光度计主要由光源、色散装置、光电探测器和数据处理与输出几部分构成。

根据分光光度计的测量数值可以计算密度值和色度值（但反向计算是不正确的）；可以分析同色异谱现象；新型分光光度计还可以把分光光度测量数据直接转换成其他表色系统的参数，转换方法与色度计是一样的。

知识三　印刷测控条的分类和作用

评定印刷品质量的客观标准主要包括阶调再现和色彩再现，但由于印刷图像都不相同，所以直接测量印张图像上的某一评定项目来控制印刷质量是不可能的。为此，选择几个主要的质量测定项目，设计一些标准的图像，再把它们以一定方式组合在一起，就构成了印刷质量测控条。

印刷质量控制条是由已知特定面积、不同几何形状的图形组成，用以判断、检验和控制晒版、打样和印刷时图文转移情况，是一种能够主观和客观反映印刷品质量、进行数据化、标准化生产的重要工具。

印刷质量控制条表达了网点在各个印刷传递过程中的变值，正确反映了网点的传递情况，同时又兼顾了物理测量和视觉评估两方面的需要，所以这使得它在印刷工艺的控制方法中起了非常重要的作用。

一、印刷质量测控条的分类

1. 信号条（signal strip）

主要用于视觉评价，功能比较单一，只能表达印刷品外观质量信息，例如 GATF 字码信号条、彩色信号条。其特点如下：

① 只需一般放大镜或者通过人眼观察质量问题，无须专门的仪器设备。

② 使用方便，容易掌握，结构简单，成本低。

③ 只能定性地提供质量情况，无法提供精确的质量指标数据。

2. 测试条（test strip）

测试条是以密度计检测评价为主的多功能标记单元构成，视觉鉴别和密度计测试相结合，并借助图表、曲线进行数值计算的测试工具。例如著名的布鲁纳尔测试条、GRAT-AGCCS 彩色测试条等。此类测试条适用于高档产品印刷质量的控制、测定和评价。

3. 控制条（control strip）

控制条是把信号条和测试条的视觉评价与测试评价组合在一起的多功能控制工具。例如布鲁纳尔第三代控制条。

4. 梯尺（scale）

梯尺是密度递变排列，具有等差密度或等级网点的工具。控制晒版、印刷质量的梯尺有连续密度和网点百分比梯尺两种，例如测试条中分辨网点传递的网点梯尺。

5. 检标

检标是控制印刷质量的一种工具，有单独使用的，例如 GATF 星标；还有与测试条组合使用的各种检标，例如 UCRA 圆形重影检标、GATF 灰色平衡标等。

二、印刷质量测控条的构成

1. 印刷质量测控条的结构和功能

各种印刷质量测控条虽有不同的结构和功能，但基本组成相差不大，如表 4-6-1 所示。

表 4-6-1　　　　　　　　　印刷质量测控条基本组成及对应功能

测控条上的组成部分	测控功能
实地块	检测实地密度，控制墨层厚度
叠印的实地块	检测叠印率
极高光部分的网目调段	检测可再现的最低网目阶调值
暗调部分的网目调段	检测可再现的最高网目阶调值
粗、细网区对比	检测网点增大值
75%（或 85%）网目调区及一个相邻实地	检测相对反差
网目调段至少有 3 个不同的阶调范围及一个相邻的实地区	检测阶调再现
不同方向排列的线条段或圆形线条段	检测网点变形（滑移、重影等）

2. 印刷质量测控条基本原理

印刷质量测控条的基本原理包含以下三点：

① 利用粗细网点对印刷条件的变化的敏感性差异，判断网点传递中的变化。

② 由等宽的竖线、横线和等宽的折线组成检验印刷运转方向的测控条。

③ 印刷质量控制条中包含亮、中、暗调，用以提供对图像再现各个不同阶调的评测。

3. 印刷质量测控条适用范围

根据国家标准 GB/T 18720—2002 的规定，印刷质量测控条适用于：

① 网目调印刷和无网印刷。

② 单色和多色印刷。

③ 平版印刷的印版制作、打样、印刷和图像检验。

凹版印刷、凸版印刷（含柔性版印刷）以及孔版印刷可参照使用。

三、印刷质量测控条的使用

1. 放置位置

印刷质量测控条是由许多具有不同功能的测试块组成的，放置在印版上，通过目测和仪器测量的方法来检测出实地密度值、网点增大、色彩再现等标准规定的指标，而且还能检测出色偏、灰度、灰平衡等标准未规定的指标。总之，测控条的目的就是测控晒版、打样、印刷中图文信息单元转移的质量情况，使印刷质量控制实现数据化、规范化，来满足高质量的要求。

在使用单张纸印刷机过程中，通常把印刷质量测控条放置在印张的拖梢边，这主要是由于拖梢边的印刷质量最能反映印刷故障等不良因素的影响。靠近成品幅面但又不在成品的幅面以内，离拖梢边的纸边最好有 2～3mm，以免纸毛、纸粉落在测控条上，降低测控效果。

2. 质量要求

① 应该使用原装的印刷质量测控条。

② 测控条应保持清洁，不能粘上脏物或药液，防止褶皱和划痕。使用一段时间后应及时更换。

③ 保持测控条的晒版、印刷与原稿的使用条件一致。尽量使用与印版宽度相近的长条，同原版一同曝光、冲洗、印刷，不能单独处理。

四、常用印刷质量测控条

1. GATF 数码信号条

GATF 数码信号条可以不用密度计，凭肉眼就能对网点面积变化与密度进行检验。该信号条由网点增大控制部分、网点变形控制两部分组成，它的原理就是利用细网点的网点增大比粗网点敏感来判断网点增大值，在该信号条上，可通过数字来检验印刷时网点增大和缩小。GATF 数码信号条结构简图如图 4-6-3 所示。

图 4-6-3　GATF 数码信号条结构简图

（1）网点增大控制部分　GATF 印刷测控条由网点增大控制部分和网点变形控制部分组成。网点增大控制部分是指图中数字 "0" ～ "9" 及其底衬构成的数字条。其底衬由 65l/in 的粗网点构成。数字部分 "0" ～ "9" 由 200l/in 的细网点构成，每个数字的网点面积覆盖率不同。

（2）网点变形控制部分　该部分由粗细相同、密度相等的横、竖线组成，以竖线为底衬，横线组成"SLUR"字母，"SLUR"是网点变形的意思。当印刷机的径向和轴向处于稳定状态时，则"SLUR"与底衬的密度相同，人眼感觉不到二者的差异，看不见"SLUR"字母。当印刷机出现不稳定状态时，就会看见"SLUR"字母。

2. GATF 星标

GATF 星标的构成如图 4-6-4 所示。

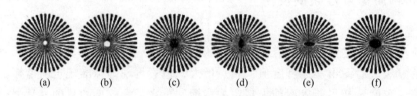

图 4-6-4　GATF 星标变形情况
(a) 正常　(b) 减少　(c) 扩大　(d) 横向变形　(e) 纵向变形　(f) 重影

① 当中心部位的白点和线条都很清晰，说明网点没有变形、重影，供墨量合适，如图 4-6-4（a）所示。

② 当楔形线缩小，中心部位白点增大，表明网点缩小，有掉版情况或供墨量不足，如图 4-6-4（b）所示。

③ 当楔形线增大，中心部位白点模糊，出现大黑圈，说明网点增大严重，压力或供墨量过多，如图 4-6-4（c）所示。

④ 当印刷机出现轴向变形时，中心的黑点就会纵向扩大为椭圆形，如图 4-6-4（d）所示。

⑤ 当印刷机出现径向变形时，中心的黑点就会横向扩大，如图 4-6-4（e）所示。

⑥ 当网点出现重影时，星标的中央部分消失，剩下的轮廓呈现"8"字形。"8"字形横向扩大时，重影是纵向出现的，如图 4-6-4（f）所示；反之，"8"字形纵向扩大时，重影是横向出现的。

采用星标进行印刷质量控制，是把印刷变化的状态通过星标放大显示的，可以很快地检测出印刷中出现的问题。印刷中常把星标和测控条配合使用，印刷在印张拖梢的空白处，这样来精确地控制印刷品的质量。

3. FOGRAPMS 测控条

FOGRAPMS 测控条是德国印刷技术学会（FOGRA）设计的，它由实地、网点块叠印块及控制印版和胶片曝光用的微线块组成。控制条规格为 8mm×530mm，在长度方向上无规律地重复安排各种各样的元素，它所包括的元素有实地、实地叠印块、为了控制网点增大的网点块（网点百分比为 2%、3%、4%、5%、40% 和 80%）、网点变形块、灰平衡块和为了控制印版曝光的微线块（6～30μm）。PMS 控制条以长 2～5m 成卷供应，用户根据需要按不同长度裁切。

（1）实地色块　四个实地色块之间相隔大约为 5cm，控制整个印刷宽度墨量的一致性。主要用于检测着墨量、图像反差、网点变化色块等。

（2）叠印色块　主要检测多色叠印时，先印刷的油墨接受后印刷油墨的情况以及叠印效果，并由此判断色序安排情况。

（3）网目调色块　主要检测网点增大情况。

（4）重影与变形色块　检测网点变形发生的方向，由此可间接检测印刷压力和橡皮布是否松弛，墨量与水量是否合适。

（5）微线条控制块　由细微线条组成的控制块，排列不同宽度的精细线条，可用于目测。主要检测胶片与印版的密合接触情况，确定印版的曝光量。

（6）灰平衡色块　检测色彩还原情况。

4. 布鲁纳尔（Brunner）控制条

瑞士的布鲁纳尔认为，色彩控制的内容应包括色彩重现精度、层次和清晰度的控制，复制的色彩存在一个允许的偏差范围，横向偏差取决于纸张特性变化，纵向偏差取决于整个印刷状态的变化。

色彩的色相、明度和饱和度都可能发生变化，亮度或暗度可能因叠印色相和黑墨量的改变而改变。色相则因黄、品红、青油墨量的变化而变化。当这三种原色油墨等量增大时，结果可能是合格的。若三者之间在网点增大存在 2％ 的差别，在视觉上就容易觉察出来。如果这个差别达到 4％，就达到了色相允许偏差的极限。

第一代布鲁纳尔控制条以三段式为主，包括实地段、50％ 粗网区、微线标三部分。后来又在三段式基础上增加了 75％ 粗网区和 75％ 细网区，构成了五段式布鲁纳尔控制条，即第二代布鲁纳尔控制条。布鲁纳尔控制条灵敏度较高，利用它既能用密度计测量计算网点增大值，又能在没有密度计的条件下用放大镜目测印刷中的变化。

五段式布鲁纳尔控制条各部分内容及作用如图 4-6-5 所示。

（1）第一段为实地块。用于检测实地密度值，来控制墨层厚度。

（2）第二段、第三段为网点增大控制段。第二段是 25l/in 的 75％ 的粗网区，第三段是 150l/in 的 75％ 的细网区。粗网区和细网区在网点总面积相等的情况下，加网线数比是 1：6，即细网区所有网点边长的总和是粗网区的 6 倍，因此在同样的条件下细网区网点增大量就大。可按下式求出网点增大值：

$$网点增大值（75％部分）＝（D_细－D_粗）/D_实$$

图 4-6-5　布鲁纳尔控制条的精细控制块

式中　$D_细$——75％细网区密度值；

$D_粗$——75％粗网区密度值；

$D_实$——实地密度值。

（3）50％粗网段

50％粗网段是由网点面积为 50％ 的 10 线/cm 的网点组成，其主要作用有两方面：一、视觉直接观察网点增大和减小的变化。二、计算 50％ 网点的增大值。

在实际生产中，操作者经常观察 50％ 粗网段的变化情况，并以此来断定网点的变化，一般网点增大，50％ 粗网段的方点必然搭角严重，反之，网点间距增大，则网点减小。

（4）第五段细网点微线段，中心十字线把方块分割成四个大小一样的小方块，每个小方块内网点数目种类一致且相对称，现取一个小方块，对其内部构成及作用进行说明。

① 外角均由 6l/cm 的等宽折线组成。作为检查印刷时网点有无变形、重影的标记。

若网点横向滑动，则竖线变粗；网点纵向滑动，则横线变粗。

② 靠近图底部第一排有 13 个网点，最左边网点是实点，后控制条的精细控制块面网点面积依次是 99.5%，99%，98%，97%，96%，95%，94%，92%，90%，88%，85%，80%，这些都是阴图网点；接着在上面一排是面积为 0.5%～20% 的阳图网点，从左到右依次为 0.5%、1%、2%、3%、4%、5%、6%、8%、10%、12%、15%、20%，阴阳网点是互补的。根据阴阳网点可以判断印版的曝光量，鉴

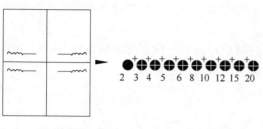

图 4-6-6   阴阳小十字

别网点转移情况，尤其用来判断高调处极细小网点和暗调处极细小白点的还原情况。

③ 阳图和阴图十字各 10 个，各组阴、阳十字线之和，恰为 50% 的圆网点的面积，用于检查网点增大及网点变形情况，如图 4-6-7 所示。当网点横向增大时，十字线的阳竖线变粗，阴竖线糊死；网点纵向扩大时，十字线的阳横线变粗，阴横线糊死。

④ 80 个网点覆盖率为 50% 的圆形网点，用于检测圆网点边缘的变化情况，如图 4-6-8 所示。

⑤ 内侧中心有四个 50% 的方网点，

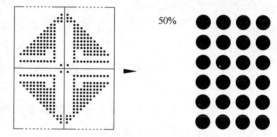

图 4-6-7   网点覆盖率为 50% 的圆形网点

如图 4-6-9 所示，用于控制晒版、打样或印刷时版面深浅变化。当 50% 网点搭角大时，说明印版晒得过深或印刷墨色过量，则图像深，所以网点增大值大；50% 点四角脱开，则图像浅，网点缩小。

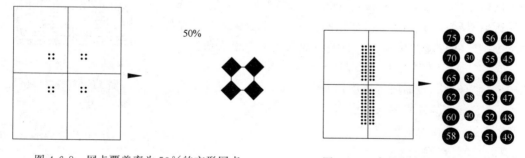

图 4-6-8   网点覆盖率为 50% 的方形网点   图 4-6-9   直径渐变且互补的圆形网点

⑥ 两组直径渐变且互补的圆形网点，共 24 个，从 75% 对 25%，逐级变化到 51% 对 49%，共 12 对。第一列从下向上逐渐扩大，直至第十二个为 75% 的网点；第二列从下向上逐渐缩小，第十二个网点面积为 25%，互相对应的两个网点总面积为 100%，如图 4-6-10 所示。通过放大镜或显微镜观察各个圆形网点的变形情况，检查其边缘接触情况，图 4-6-11 圆点直径变化就能方便地得知网点扩大或缩小的趋势，观察不同网点面积的距离和网点并连范围。

⑦ 边线上排列有不同宽度的阴线，分别为 4、5.5、6.5、8、11、13、16、20μm，这些粗细级变的垂直线用来检测印版表面的分辨率。

在实际印刷中，通常将布鲁纳尔第二代控制条和中性灰平衡段、叠印及色标检测段、黑色密度三色还原段及晒版细网点控制段结合起来，构成多功能印刷测控条来应用。

5. 数字印刷质量测控条

UGRA/FOGRA 数字印刷控制条由三个模块组成：其中模块 1 和模块 2 用于监视印刷复制过程，模块 3 周围用来监视曝光调整。各测量控制色块的尺寸大约为 6mm×6mm，并且模块 1 和模块 2 中的这些色块与 FOGRA 用于胶片检验的测控条色块对应。

（1）模块 1　该模块包含以下 8 个实地色块：青、品红、黄和黑色实地色块各 1 个，青＋品红青＋黄、品红＋黄 3 个实地色块以及 1 个青＋品红＋黄实地色块，这些控制色块用于控制油墨的可接受性能以及三种叠印效果。

（2）模块 2　该模块包含下面几部分：

① 2 个灰平衡色块。

② 青、品红、黄和黑色实地色块各 1 个，其中黑色块的四个角上压印了黄色，用于检查印刷色序，即黄色先于黑色印刷还是黑色先于黄色印刷。

③ 控制块。用来检查采用特定的复制技术、复制设备和承印材料组合在不同方向加网的敏感程度。该区域分为四组，青、品红、黄和黑色各一组，每一组中包含 3 个色块，均采用线形网点加网，加网角度分别为 0°、45°和 90°。

④ 青、品红、黄和黑色 4 组 40%和 80%控制色块，用于衡量加网技术能否获得需要的效果。

（3）模块 3　该模块包括 15 个不同程度的灰色块，均采用黑色油墨印刷。

正常情况下，每一列色块的阶调值印刷出来应该是相同的，不同的仅仅是记录分辨率；在行方向上，每一行中间 3 个色块复制到纸张上也应该具有相同的阶调值，当加网方向上有差异时，它们的阶调值会有差异。

技能训练

任务一　检验图像的套印准确度

网印产品的套印质量要求是：

① 印刷复制要求几块印版印刷图像完全重合，印刷图像轮廓清晰。套印误差越小越好。

② 印刷的套印精度是一项关键的质量指标。套印不准，则图文模糊，直接反映了印刷质量的低劣。

操作步骤：

① 将套印产品置于看样台上。

② 使用放大镜检测定位套印线。

③ 判断。看各色十字线是否重合，完全重合说明套印准确，若不重合说明套印不准。

【注意事项】

常规检验用 10～15 倍、定量检验用 30～50 倍读数的放大镜。

任务二 检验图像的色彩偏差

（一）目测印刷图像的颜色偏差

操作步骤：

① 将原稿（或样张）、印刷品并列放置于看样台上。

② 目测对比。

③ 判断：依据印刷品色彩在视觉、心理上的再现程度，做出主观评价。

（二）用密度计测定图文的实地密度

操作步骤：

① 未接通电源之前，必须检查所使用的电源电压与仪器要求的电源电压是否一致。

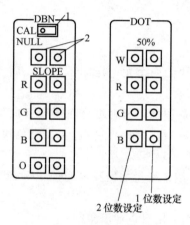

图 4-6-10 密度、网点校
准部件的示意图

② 接通电源，合上电源开关，使机器预热 5min。

③ 选择密度"DEN"（或网点"DOT"）测量。

④ 密度计的校准（如图 4-6-10 所示）。

a. 首先按下"密度开关"，选择 W 滤色片，将标准白板置于探测头下进行。

b. 按零点设定开关，此时显示的数字应该与标准白板上注记的一致。

c. 如果不相同，则用螺丝刀调节数字开关 2，直至它们的值相同时为止。

d. 将黑色标准板置于探测头下进行测定。

e. 检查测出的值是否与黑色标准板上注记的值相同。

f. 如不一致，旋转"调整片 1"，使之相同。

g. 再次检查零点设定。

h. 按照上述相同的方法，校准用于其他颜色的滤色片时，检验"白、黑标准板"的数值是否正确。

⑤ 测定印刷品上测控条上的实地密度块。

任务三 检验图像的清晰度

（一）测定印刷图像的阶调值或层次

操作步骤：

① 将印刷品与批样并列置于看版台上。

② 观测印刷品与批样上的网点梯尺。

③ 判断。

（二）判别印刷图像的外观缺陷

网版印刷品常见外观缺陷：

① 墨膜边缘出现锯齿状毛刺，包括残缺或断线。

② 网痕墨膜表面出现丝网的痕迹。

③ 气泡。印刷后的墨膜上有时会出现气泡。

④ 针孔。印刷后的墨膜上有时会出现砂眼白点。

⑤ 飞墨。飞墨即油墨拉焦丝现象。

⑥ 墨膜龟裂。

⑦ 滋墨。指承印物图文部分和暗调部分出现斑点状的印迹。

⑧ 背面沾脏。指在印品堆积时，下面一张印刷品上的油墨粘到上面一张印刷品背面的现象。

⑨ 洇墨。洇墨指油墨溢出现象。

⑩ 着墨不匀。墨膜的厚度不匀。

⑪ 叠印不良。重叠墨膜叫做叠印，多色印刷时在前一印的墨膜上，后一印的油墨不能清晰地印上。

⑫ 龟纹。由于各色版所用网点角度安排不当等原因，印刷图像出现不应有的花纹。

操作步骤：

① 将印刷品放置于看样工作台上。

② 辨别印刷外观缺陷。

根据外观缺陷项目，逐项检查排除。

任务四　检验油墨的附着牢度

（一）圆盘剥离试验机

使用胶黏带压滚机及圆盘剥离试验机，试验用的胶带宽度为 20mm，黏合力为 3～4N，胶带基材为玻璃纸。

胶黏带压滚机压辊是用橡胶覆盖的直径为（84±1）mm，宽度为 45mm 的金属轮，橡胶硬度（邵氏 A）为 60°～80°，厚度为 6mm。压辊荷重（200±0.5）N，滚压速度 300mm/min。圆盘剥离实验机如图 4-6-11 所示。

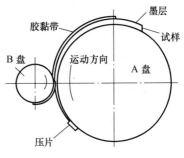

图 4-6-11　圆盘剥离实验机

（二）圆盘剥离试验机操作步骤

① 制样。按 110m×65mm 制作试样。

② 将剥离胶带纸粘贴在油墨印刷面。

③ 在胶黏带压液机上往返滚压 3 次。

④ 放置 5min。

⑤ 将试样夹在 A 盘上。

⑥ 露头的胶带固定在 B 盘上。

⑦ 开机。

⑧ A 盘以 0.6～1.0m/s 速度旋转。

⑨ 揭开剥离胶带纸。

⑩ 用宽 20mm 的半透明毫米格纸覆盖在被揭部分。

⑪ 数出油墨层所占的格数和被揭去油墨层所占的格数。

⑫ 算出墨层的结合牢度。

$$墨层结合牢度 = \frac{A_1}{A_1 + A_2} \times 100\%$$

式中　A_1——油墨层的格数；

　　　A_2——被揭去的油墨层的格数。

项目五　包装盒特效丝网印刷

项目描述

某客户想要给已经印制出的包装盒增加特殊效果，打算在包装盒上的特定区域用丝网进行印刷，但是未确定选择使用上光、磨砂、珠光、雪花还是皱纹等特效。因此，需要对各种效果进行打样，供客户选择，选定后进行大批量生产。

项目分析

根据客户要求公司需要自行设计特效部分的胶片片。本订单选用已印刷好的半成品卡纸，使用铝合金或者钢网框；根据特效种类不同选择对应网目的网纱；感光胶膜直接法覆膜；利用 XB-PY6080 半自动平面丝网印刷机进行印刷。

知识目标

认识并了解市场上常见的 UV 特种包装油墨类型、技术参数和印刷参数；XB-PY6080 半自动平面丝网印刷机九大组成部分及操作方法；气动绷网机的操作和维护方法；UV 干燥机的操作和维护方法；熟悉 UV 特种包装油墨、网纱、网框及刮板等方面的要求，并合理选择；掌握 UV 特种包装油墨丝印对印前原稿的要求，并掌握相应的调整方法；UV 特种包装油墨丝印质量检测知识点。

能力目标

能够针对 UV 特种包装油墨丝印要求，合理选择丝印的承印物、油墨、网框、网纱、刮板等材料和设备；能够对 UV 特种包装油墨丝印进行印前处理；能够晒制合格的较高黏度的丝印网版；能够根据印刷品变形程度，进行胶片修改；能够规范操作 XB-PY6080 半自动平面丝网印刷机；能够分析 UV 特种包装油墨丝印在整个生产过程中出现的问题，并及时解决。

任务一　印前设计及底片制作　🔍

支撑知识

知识一　印前检查

胶印图文的印前检查，包括文件尺寸是否合适、图文内容是否完整、分辨率、分色等各项检查。

UV 特种包装油墨的印刷通常是与其他印刷工序（通常是胶印，本文以胶印为例）配合进行的，用于突出包装产品的局部图文信息。因此，UV 特种包装油墨印刷的图文部分，通常与其他印刷工序的图文部分是相吻合或者配合的。在进行印前处理时，必须考虑到多种印刷工艺的印前输出要求。

知识二　丝印图案的制作或处理

UV 特种包装油墨的图文部分一般是实地图形或文字，在印前输出时，单独输出丝印胶片，其操作步骤如下：

① 在排版文件中增加一个丝印图层。

② 在彩色图文所在的图层中，选择所有要印刷 UV 特殊油墨的文字和色块，复制。如果无法直接选择，则利用钢笔工具或其他形状工具，进行丝印色块的制作。

③ 将它们原位粘贴到新图层中。

④ 把它们的颜色都变成 100% 单色。

总之，确保印前输出时，将丝印图文部分单独输出胶片。可以采用以上的方法，也可以利用专色填充丝印图文部分的方法，具体步骤如下：

a. 在彩色图文所在的图层中，选择所有要印刷 UV 特殊油墨的文字和色块，复制；如果无法直接选择，则利用钢笔工具或其他形状工具，进行丝印色块的制作。

b. 原位粘贴。

c. 将丝印对象颜色填充为 100% 专色，并设置叠印。

知识三　拼版处理

单个文件检查、处理完成后，与胶印文件一起进行拼版处理，具体步骤如下：

① 在拼版软件中，新建文件，文件大小与印刷幅面一致。

② 将丝印图文与胶印图文编组，进行复制拼版，避免后续工序套印不准。

③ 添加角线、裁切线等套准标记。

对于网点印刷来说，需要进行颜色套印，一般会在版面四周添加套准十字线，便于监控套准质量。对于需要裁切或模切的印刷品，在拼版文件四周会有模切、裁切标记。这类标记长度一般为 6mm，粗细在 0.1~0.15mm，颜色使用套版色。

如果丝印图案使用专色表示的，则胶片输出时会自动输出套准标记；如果丝印图案在新建图层中，需要将胶印图文中的套准标记原位复制到丝印图层中来，填充套版色或与丝印图案一样的 100% 单色。

④ 添加色标。为方便监控印品印刷质量，会在印刷品外围加入色标，色标的选择可根据自己的需要确定。本案例要求在丝印图层中添加与丝印图案颜色一致的色标及中文标示，方便识别丝印胶片。

知识四　文件检查

文件排好版后，不要急着输出，再次检查文件是否有错，确定无误后再输出。对丝印图案部分的检查一般有以下几个部分：
　①检查丝印图案是否完整，有没有缺漏。
　②检查丝印图案与胶印图文是否吻合，有没有偏移等。
　③检查丝印图案的颜色填充是否正确。
　④检查角线与胶印图层的角线是否套准。
　⑤检查色标标示的颜色与丝印图案的颜色是否一致。

知识五　胶片输出

保存好检查好的电子原稿，就可以到胶片输出公司进行胶片输出。输出时，根据丝印图案的制作方法不同，注意以下几点：
　①如果丝印图案填充的是专色，则可以与胶印图文同时输出。
　②如果丝印图案在单独的图层中，则单独输出丝印图层上的内容。

知识六　注意事项及常见故障分析

（一）注意事项
　①丝印图案的填充必须用100％专色，或在新建图层或新建页面中填充100％单色。
　②丝印图案与胶印图案必须吻合，不能有偏移。
　③丝印角线与胶印图层的角线必须套准。
　④色标标示的颜色与丝印图案的颜色必须一致。
（二）常见故障分析（如表5-1-1所示）

表 5-1-1　　　　　　　　　　　　胶片输出常见故障分析

序号	现象	原因	解决办法
故障1	输出时,丝印图案与胶印图案混合在一起	原因1:丝印图案没有填充专色; 原因2:输出胶片时,丝印图层没有单独输出	对丝印图案填充专色或者输出时,对丝印图层单独输出
故障2	出现多张丝印胶片	丝印图案没有填充100％单色	丝印图案必须填充100％单色
故障3	丝印胶片的图案与胶印胶片的图案不吻合	制作丝印图案时,没有原位粘贴	选择丝印图案,进行原位粘贴
故障4	胶印图文丢失	原因1:丝印图文的专色没有叠印在胶印图文上 原因2:制作丝印图文时,对胶印图文进行了剪切	丝印图文的专色设置叠印; 对胶印图文进行剪切
故障5	套准线丢失	原因1:套准线没有使用套准线; 原因2:在丝印图层中没有复制套准线	套准线必须设置套版色; 原位复制套准线在丝印图层中,并填充套版色或与丝印图案一致的单色
故障6	脏点	胶片不干净,导致晒出的印版出现脏点	用酒精清洁胶片表面

技能训练

任务一　包装盒特殊效果的设计

根据客户的要求，利用 Photoshop、Illustrator、CorelDRAW 等软件设计出符合 UV 特殊油墨印刷的图案，如图 5-1-1 所示。

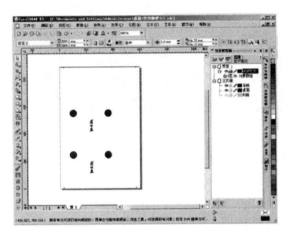

图 5-1-1　承印物与丝印图案对比，右图为磨砂丝印图案

任务二　胶片的检查与修改

（一）使用器材

拼版台、酒精、黑色笔、刻刀、直尺、透明胶等。

（二）质量要求（如表 5-1-2 所示）

表 5-1-2　　　　　　　　　　　　　　胶片的质量要求

质 量 指 标	质 量 要 求
胶片的准确性	胶片图文部分与客户提供的资料数据一样
胶片的完整性	胶片版面信息完整
套准	胶片上的图文与印刷品上的图文精确套准
胶片表面清洁度	胶片表面无灰尘、无脏点、无划痕
胶片黑度	胶片实地黑度达 3.0 以上

（三）操作步骤

（1）打开拼版台电源，检查胶片有无脏、划伤的痕迹。图文部分有小面积划伤的故障，可以用黑色油性笔进行修补；若有大面积的划伤或影响晒版质量的，则建议重新输出胶片。

（2）检查版面信息是否正确、完整，包括图案是否完整，尺寸有无问题，各专色版是否分色正确，角线、裁切线等辅助信息是否完整。

（3）检查胶片的黑度是否足够，检查方法可以通过透射密度仪进行检测，一般要求达到 3.0 以上，如果黑度不够，建议重新输出胶片。

（4）修改胶片，使丝印图文与印刷品图文吻合。UV 特殊油墨图文一般是与其他印刷方式的图文配合印刷的，且丝印基本是在其他印刷工序之后。纸张在经过其他印刷工序之后，会发生变形，因此，胶片图文与印刷品上的图文会发生轻微错位，需要进行胶片修改。

图 5-1-2 胶片一边的固定

① 以一边为基准，对准胶片图文和印刷品图文（可先利用角线粗略对齐），并用透明胶固定，如图 5-1-2 所示。

② 将直尺工具位于胶片中间并与胶片垂直，依靠直尺，用刻刀划开胶片。

③ 将胶片另一边的图文部分与印刷品图文套准，可适当向内缩一点，并用透明胶固定，如图 5-1-3 所示。

④ 将割开的两半胶片用透明胶重新粘贴在一起。

（5）清洁胶片。用酒精擦拭胶片，并再次检查胶片，如图 5-1-4 所示。

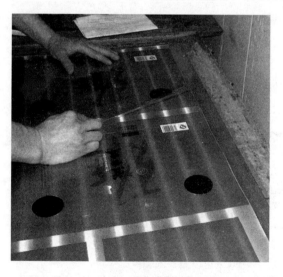
图 5-1-3 胶片的固定

图 5-1-4 清洁胶片

（四）注意事项

（1）胶片版面信息检查要仔细。

（2）利用透射密度计测量胶片的黑度。

（3）重新修补胶片，使丝印图文与变形的印刷品图文套准。

（4）清洁胶片要仔细。

（五）常见故障分析（如表 5-1-3 所示）

表 5-1-3　胶片常见质量故障分析

序号	现　象	原　因	解　决　办　法
故障 1	胶片出现脏点、划痕	原因 1：胶片质量问题 原因 2：人为因素，比如在拿的过程不小心将胶片折叠；灰尘掉落到胶片上面；在修补胶片时，黑色笔不小心划到留下了脏点等因素	彻底清洁胶片
故障 2	印刷图文部分黑色不够	胶片输出故障	重新输出胶片
故障 3	胶片上的图文与印刷品的图文套不准	纸张由于经过印刷、覆膜等工序后会发生变形	修改胶片

任务二　绷网

支撑知识

知识一　绷网角度

（一）绷网角度的选择依据

绷网角度是指丝网的经、纬线（丝）与网框边的夹角。细网有两种形式，一种是正交绷网，另一种是斜交翔网。

① 正交绷网。正交绷网是丝网的经、纬线分别平行和垂直于网框的四个边。即经、纬线与框边呈 90°，如图 5-2-1 所示。采用正交绷法能够减少丝网浪费，但在套色印刷时采用这种形式绷网制版容易出现龟纹。

② 斜交绷网。采用斜交绷网，如图 5-2-2 所示，该方法有利于提高印刷质量，所以套色印刷应当采用斜交绷网，对增加透墨量也有一定效果。其不足是丝网浪费较大。

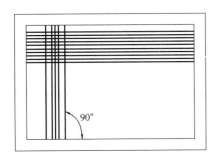

图 5-2-1　正交绷网

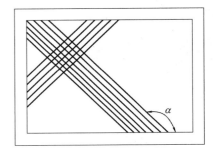

图 5-2-2　斜交绷网

在印刷精度要求比较高的彩色印刷中，有时采用斜交绷网法。绷网角度的选择对印刷质量有直接的影响，绷网角度选择不合适，就会出现龟纹。所以，一般复制品的印刷，常采用的细网角度是 20°～35°，在印刷高分辨力的线路板时，由于使用的丝网目数较高，所以绷网角度选择 45°比较合适。当然这种角度的选择要与分色底版的角度相匹配，才能有效地防止龟纹。

（二）确定绷网角度

选择绷网角度的步骤：

（1）将晒版底片置于看版台面，打开看版台内置灯。

（2）仔细观察底片，有下列情况，必须采用 22.5°绷网：

① 有回环的边框线。

② 印刷画面中有多条互相平行的线条。

③ 满版的细小文字。

④ 条形码。

（3）印刷高分辨率的印刷电路板时，由于使用的丝网目数高，绷网角度应选择 45°。

（三）注意事项

在绷网中，一般都采用正交绷网，因为斜交绷网浪费网布，高目数精密丝网版才应用斜交绷网。

斜交绷网在分色加网底片的制版中，注意加网角度和绷网角度的关系。两种角度要配合得当，否则会出现龟纹。

知识二　排除局部张力不均等故障

（一）绷网局部张力不匀产生的原因和消除的方法

1. 经纬丝线保持垂直

好的丝网的经纬丝应尽可能与网框边保持垂直。编网时一是要正拉，即力向与丝向保持一致。若斜拉会出现类似于图 5-2-3 那样的丝向不一；二是被网夹夹持着的丝网拉伸时能横向移动，即每根网丝能做垂直于拉力方向的平行移动，如图 5-2-4 所示。其中图（a）为拉网前的情况，图（b）为网夹能横移的拉网，图（c）为网夹不能横移的拉网。要保持丝向的完全一致，需要一丝一夹地横移的拉网设备，这在机械上几乎是不可能的事，只能要求丝向变化尽量的小。

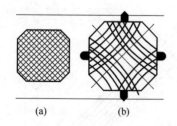

（a）　　　　（b）

图 5-2-3　斜拉网的变形
（a）拉伸前　（b）拉伸后

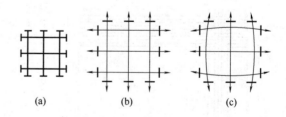

（a）　　　　（b）　　　　（c）

图 5-2-4　能（否）横移的拉网

2. 网面张力要均匀

整个网版网面上的张力均匀度，即张力在网面上分布的均匀程度，它取决于绷网装置的质量水平及丝网线性能的均匀程度等。它要求丝网的每根丝线所受的拉力都必须相等，如图 5-2-5（b）所示，而且丝网在张力的作用下所发生的拉伸变形都在弹性限度内。要求丝网张力均匀度的最终目的是保证丝网拉伸的均匀性，以保证印版图像的相对稳定性，防止印版图像在印刷时发生形变。如图 5-2-5（a），丝网的每根网丝只有具有均匀和一致的性能，才能保证丝网在均匀的张力作用下产生均匀的变形。实际生产中，无论采用什么形式的绷网机，其四角的张力都会大于中央区域。为了使图文部位张力均匀，必须使绷网夹分布的长度短于丝网的边长，这样在四角上就会形成弱力区。在生产中，一次同时绷粘数个网框也可以使绷网张力大体上均匀一致。

3. 防止松弛

绷好的网版，其张力应不变或少变。实际上，人们常会发现时间长久网版会变松或越用越松，存在着张力下降的现象。产生这种现象的原因很多，其中两点与绷网有关，即网框变形和丝网的张力松弛。

为减小绷网后的张力衰减，应采取"持续拉网"和"反复拉紧"的绷网方法，使一部分张力松弛于固网前完成。即使是铝制或钢制的网框在绷网拉力下也会产生变形，可以用两种办法避免网框弯曲造成张力的损失，即在绷网的同时，网框预先受力或者绷网之前预先受力。

（二）网框的预应力处理

绷网后由于网框的弯曲变形会对丝网的张力稳定性产生影响，为减小这种影响，可对网框做预应力处理。

（1）根据拱形结构的强度原理，将网框制作成如图 5-2-6（a）那样的凸形，其挠度约4mm/m，每个内角略大于 90°；或者将已制成的金属框，用特殊工具拉伸成此形，此种预变形处理能抵抗丝网拉力的影响。

（2）在做气动拉网的同时做预应力处理，即拉网器的前端紧顶着框架四周外侧，网框受到顶力的作用而弯曲，如图 5-2-6（b）所示。而当固定网时，网框受力面虽由外侧移到上面，但受力方向和大小基本一致，因此不再增加弯曲。由于这些优点，气动绷网机成为目前国内外最为流行的绷网设备。

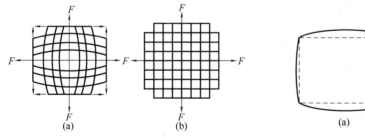 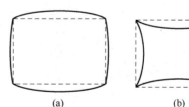

图 5-2-5　张力均匀图　　　　　图 5-2-6　网框的预应力处理

（三）注意事项

为获得均匀一致的绷网张力，必须注意以下各点：

（1）网框在拉力为 5～7kgf 时具有稳定不变形的特点。

（2）夹钳数量配置合理咬口松紧一致，防止丝网拉伸时松动。

（3）张力的设定应根据丝网材料、目数、编织方法及物理特性设定。

（4）绷网时张力的增加不宜过急，要循序渐进分次完成，每次间隔 5～10min。

（5）绷好的丝网在使用前，要静置 48h，待张力稳定后使用。

技能训练

任务 1　气动绷网

主要操作步骤：

（1）选择网框，根据印刷的图案选择合适的尺寸及材料的网框。一般来说，选择的网框尺寸要比印刷的图案大。制作网框使用的材料主要有木料、中空铝型材、铸铝成型框、钢材等几种材料。最常用的是铝型材制作的网框。不管哪种网框，所选的网框需要具备以下几点要求：

① 网框必须具有一定的强度。因为绷网时，丝网对网框产生一定的拉力和压力。这就要求网框耐压，不能产生变形，要保持网框尺寸精确。

② 在保证强度的条件下，网框尽量选择重量轻的，便于操作和使用。

③ 网框与丝网粘接面要有一定的粗糙度，以加强丝网和网框的粘接力。

④ 网框的坚固性。网框在使用中要经常与水、溶剂接触，以及受温度变化的影响，这就要求网框不发生歪斜等现象，这样可减少浪费，降低成本。

⑤ 生产中要配置不同规格的网框，使用时根据印刷尺寸的大小确定合适的网框，可以少浪费，而且便于操作。

本项目的承印物一般是印刷品，因此网框一般为对开或全开大小；网框是铝型网框，内有米字隔层。

（2）网框使用前处理

① 清洁网框。用开胶水清洁网框，把网框上残余的赃物清除；

图 5-2-7　网框表面处理

② 网框表面处理：表面粗化处理以提高网框与网纱的粘结牢度；打磨边角处理以去除网框表面的毛刺，避免割伤手或割破网；打磨后的网框还需要进行去污处理，彻底除酯。处理后的网框如图 5-2-7 所示。

（3）选择网纱。选择网纱包括网目数、丝径和网纱颜色三方面的考虑。

① 网纱的选择主要有以下原则：

a. 根据承印物的类型。承印物表面粗糙，吸墨性较强，一般使用较低目数的丝网，例如：皮革、帆布、发泡体的薄片、木材等。

b. 根据印刷品的精细要求。一般情况下，精细线条、图像分辨率要求较高的产品，应选用目数较高、品质较好的丝网；相反则可选择目数较低、品质一般的丝网。

c. 根据油墨的特性。油墨颜料颗粒的大小对油墨的过网性有较大影响，所以油墨较粗时（如荧光墨、发泡墨等功能性油墨），应选用较低目数的丝网；油墨黏度大，油墨的过网会受到一定的影响，也应选用目数较低的丝网。

　　d. 考虑丝网成本。在满足印刷要求的前提下，尽量选用价格较低的丝网。

　　UV 特殊油墨的丝印图文一般是实地，因此网目数的选择主要与油墨的性能及墨层厚度的要求相关。本项目的油墨是中磨砂油墨，网纱网目数为 200 目。

　　② 丝径大小选择，必须考虑两方面：丝网的抗张强度和原稿的精细程度。网目数相同时，丝径越大，抗张强度、耐磨性、抗腐蚀性都越强，但开孔面积（开口率）越小。本项目选择网纱的丝径大小为 48μm。

　　③ 网纱的颜色为常见的黄色，如图 5-2-8 所示。

　　（4）上胶水打底。在清洁好的网框表面上均匀涂上粘网胶水，包括胶水量均匀与涂胶水的位置均匀，如图 5-2-9 所示。

图 5-2-8　黄色网纱

　　胶水的选择一般包括以下几方面的考虑：

　　① 胶水黏性强度。

　　② 胶水干燥速度。

　　③ 胶水黏稠度。

　　④ 胶水是否绿色、环保等。

　　印刷生产一般选择黏性强度好、干燥速度快的胶水。

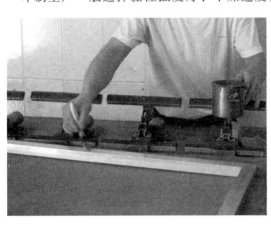

图 5-2-9　上胶水

　　（5）绷网，如图 5-2-10 所示。

　　① 将网框倾斜放置，角度为 25°左右，使网框高度略高于绷网机夹头。斜绷网利于其提高印刷质量，对增加透墨量也有一定效果，但丝网浪费较大。角度的选择要与分色底版的角度相匹配，一般复制品的印刷常采用的绷网角度为 20°～35°。

　　② 拉网。将网纱等量地夹进夹头内，依次夹好四周，拉平丝网，以网纱中间为基准，调节对边夹口的位置一致，使网纱的丝径上下左右垂直。

　　③ 打开气动绷网机电源，气压为 8～10kgf/cm²，开始绷网。

　　④ 绷网约 25min 左右，用张力计测量网框面得网纱张力是否一致，大小在 20～30N，如图 5-2-11 所示。

　　（6）再次涂布胶水。在网框四周，再次使用毛刷涂布胶水。涂布量较第一次涂布要稍微厚一点，涂布时要利用微力使胶水透过网孔落在网框表面，依次涂布每个网框的四边，切忌不可把胶水滴在网框内的网纱上，造成堵网。

　　（7）干燥。将涂好胶水的网版放置在空气中，自然挥发干燥。如需要加速干燥，可利

图 5-2-10　绷网

图 5-2-11　绷网张力的测量

用吹风机加速干燥。

（8）裁网。等网版完全干燥以后，先松开网夹，初步裁切网纱；再根据网框大小，沿网框边缘精确裁切网纱。

（9）封边。用单面胶纸带帖紧网纱与网框黏结部位，可起到保护丝网与网框接触面不容易脱胶的作用，亦可防止印刷时溶剂或水对黏合胶的溶解，避免脱胶脱网的现象。

【注意事项】

（1）网夹检查。在操作之前应对绷网机进行全面的检查，尤其是网夹是否有污垢、是否有松懈。

（2）网纱的检查。在使用前要检查丝网的品种、型号、规格，是否与要求的一致，有无污垢及伤痕。

（3）检查网框表面的平整度，不可有尖点、硬点。

（4）本项目是斜绷网，绷网角度为 $20°\sim35°$。

（5）涂布粘网胶时要均匀，最好用刮胶用力刮几下，不要让胶水滴到网框内部的网纱上。

（6）张力要均匀合适，避免拉破网或张力不足，导致网纱松弛，一般为 $20\sim30N$。

（7）绷网完毕后，不要在拉力还未松开的情况下，直接用刀切割边，会因张力太大把网撕破，应先松开网夹后再修边。

（8）绷网过程要避免浪费网纱。

【常见故障分析】如表 5-2-1 所示。

表 5-2-1　　　　　　　　　气动绷网常见故障分析

序号	现　象	原　因	解　决　办　法
故障 1	网框边缘割手	网框表面没有打磨，有硬点、尖点	用磨砂纸打磨网框
故障 2	网纱破裂	原因1：硬物、利器割裂网纱 原因2：绷网张力过大	重新绷网，绷网时避免硬物、利器割裂网纱；用张力计测量张力
故障 3	网纱松弛	拉网力度不够	重新拉网，加大拉网力度；用张力计及时测量张力大小
故障 4	网纱变形	网纱经纬方向没有与拉网方向保持平衡、一致	重新拉网，网纱经纬方向务必与拉网方向保持平衡、一致

续表

序号	现　　象	原　　因	解　决　办　法
故障5	脱胶，即网纱脱离网框	原因1：胶水质量不好 原因2：涂胶不均匀、涂布厚度不够 原因3：网框上有异物 原因4：没有完全干燥	检查脱胶的原因，重新涂胶、干燥
故障6	网面不清洁有异物堵网	涂胶时，有胶水或其他异物落到网框内的网纱上	用开胶水或者清水清洗网面

任务三　感光胶涂布 🔍

支撑知识

知识一　网印制版用感光膜的特征

这种膜是感光材料预先被涂布到片基（常用涤纶胶片厚0.06～0.12mm）上，这类胶片叫毛细感光膜片，也有人按译音叫"胶片"。毛细的意思是具有毛细作用的感光膜。毛细作用表现在制片过程中，当感光膜遇到湿润的丝网时，被微溶的胶膜与丝网间发生毛细现象，即溶胶与丝网紧密结合，胶液向丝网四周吸附而包住丝网，使胶膜与丝网结合得更加牢固。"毛细感光膜片"就是具有毛细作用的感光膜。需要时，剪下合适的尺寸与阳图底片曝光后显影形成图像，并将之转贴到绷好的丝网上，这种制版方法就是间接法。

感光膜先贴到丝网上，再涂布感光胶，然后与底片密合曝光、显影成像这种制版方法就是直/间法。

知识二　感光膜片的类型

感光胶膜目前国内市场上有三种，类别如下：

（1）无光敏性的胶膜（国内南方生产的胶片膜多属此类）。这种膜片上已经预涂有明胶类高分子成膜物，在使用时需要用重铬酸盐类的光敏剂进行敏化处理后，使其具有感光性，晒版后转贴于丝网版面，或先贴于丝网版，再涂以感光胶，感光胶中的光敏剂渗透入无光敏性胶膜，使其具有感光性，经晒版制成印版，此工艺即为直间法。

（2）有感光性的胶膜（国外称毛细胶片膜），此种胶膜在贴膜时用清水转贴即可。不需用敏化剂处理，烘干后，撕掉涤纶片基，就可以晒版曝光，清水显影后即成印版。

（3）有感光性的如同浮雕胶片一样的胶膜，晒版曝光时必须将阳图底片膜面密合于胶膜片的背面（片基面），晒版曝光后，经配制的显影液显影、水洗后，在尚未干燥的情况（湿膜时）转贴，操作难度较大。

知识三　直接法、间接法、直/间制版法的区别

网印版感光制版法从使用感光材料角度分类可分为三种：

（1）直接法　用感光胶涂布制版。

（2）间接法　用胶片膜制版。

（3）直/间法（混合法）　用感光胶加胶片膜制版。

本项目采用直接法制版。

技能训练

任务1　调配感光胶

（1）使用器材（如表5-3-1所示）

表5-3-1　　　　　　　　　　　　调配感光胶所使用器材

器 材 名 称	使 用 功 能	器 材 名 称	使 用 功 能
感光材料(感光树脂、光敏剂)	调配感光胶材料	搅拌器	使感光树脂、光敏剂充分的溶合
水	溶解光敏剂		

（2）质量要求（如表5-3-2所示）

表5-3-2　　　　　　　　　　　　调配感光胶的质量要求

质 量 指 标	质 量 要 求	质 量 指 标	质 量 要 求
感光胶颜色	感光胶颜色是否完全从蓝色转变为绿色	感光胶曝光现象	感光胶有没有意外曝光的现象出现
感光胶黏稠度	感光胶的黏稠度适合		

（3）操作步骤

① 用适量的温水调配光敏剂，可在容器或装光敏剂的袋子里进行，温水温度为25～30℃。

② 把调匀的光敏剂倒进感光胶罐子里，用搅拌器均匀充分搅拌，大致5～10min。

③ 把调好的感光胶放到阴暗地方存放，至少5～8h，待气泡消失后方可使用。

（4）注意事项

① 要在安全灯（红灯、黄灯源）下调配感光胶。

② 搅拌时要充分混合。

③ 调配时不要放太多水，避免太稀，不容易涂布。

④ 调配好的感光胶不能直接使用，须等气泡大部分消失后方可使用。

⑤ 感光胶应保存在阴暗、凉爽的地方。

（5）常见故障分析（如表5-3-3所示）

表5-3-3　　　　　　　　　　　　调配感光胶常见故障分析

序 号	现　　象	原　　因	解 决 办 法
故障1	感光胶中混有杂色(棕色、蓝色)	搅拌不均匀	充分搅拌
故障2	感光胶太黏稠	水的用量太少	增加水的用量
故障3	感光胶意外曝光	没有在安全光源下调配	在安全灯下调配感光胶

任务 2　涂布感光胶

（1）使用器材（如表 5-3-4 所示）

表 5-3-4　涂布感光胶所使用器材

器 材 名 称	使 用 功 能	器 材 名 称	使 用 功 能
圆角上浆器	涂布感光胶	烘干机	烘干感光胶
感光胶(柯图泰 8000)	直接法制版的丝印制版感光材料	干净湿布	擦拭网版与上浆器
测厚仪	测试所涂感光胶的厚度		

（2）质量要求（如表 5-3-5 所示）

表 5-3-5　涂布感光胶的质量要求

质量指标	质 量 要 求
涂布面积适中	涂布的面积大于印刷图案面积
涂布厚度适中	感光胶的涂布厚度,涂布均匀
涂布表面好	涂布好的感光胶表面的光滑,无缺破口
涂布面	先涂布印刷面,再涂布刮墨面
涂布次数	涂完一次印刷面后先烘干,烘干后再涂两次印刷面两次挂墨面整个流程一共涂五次
干燥	烘干过程,要注意控制好温度,同时干燥过程防尘落到感光胶面上;一般 40～45℃左右;烘干时间一般为 15min

（3）操作步骤

① 选择圆角上浆器,要认真地检查上浆器有没有出现缺口或者凹凸不平的情况。

② 倒入感光胶至上浆器,大概占上浆器的二分之一。

③ 涂布感光胶。

把绷好网的网框以 75°～90°的倾斜竖放,把斗前端压到网上。把放好的斗的前端倾斜,使液面接触丝网。保证倾角不变的同时进行涂布,涂布时也要注意涂布的速度不能太快也不能太慢,也不能太厚或者太薄,一定要均匀。

涂布时,先涂布一次印刷面后先烘干,烘干后再涂两次印刷面两次挂墨面整个流程一共涂五次。

④ 涂布完后的网版放置在烘版机中干燥。干燥温度一般为 40～45℃;烘干时间一般为 15min。

⑤ 涂布好的网版若不直接用于晒版,则放置在阴暗处储存,或用黑纸包裹起来存储。

（4）注意事项

① 涂布时须在安全灯下进行。

② 涂布时控制好速度、力度,涂布均匀。

③ 涂布时,先涂布一次印刷面后先烘干,烘干后再涂两次印刷面两次挂墨面整个流程一共涂五次。

④ 控制好干燥的温度和时间。干燥温度一般在 40～45℃;烘干时间一般为 15min。

（5）常见故障分析（如表5-3-6所示）

表 5-3-6   涂布感光胶常见故障分析

序号	现 象	原 因	解 决 办 法
故障1	感光膜上有气泡	感光胶变质，或者涂布前没有充分搅拌	清洗网版，重新涂布
故障2	感光胶涂布厚度不够	感光胶过稀，涂布时速度过快，涂布次数太少都容易导致感光胶涂布厚度不够	涂布时速度适中，涂布多次
故障3	感光胶涂布层不均匀	网纱张力不足或涂布时上浆器与网版接触不紧密，涂布时速度和力度不均匀	清洗网版，重新涂布
故障4	网版周边弄脏	上浆器倒入的感光胶过多，涂布过程，感光胶渗漏，取出上浆器时不注意而污染四周。	清洗网版四周
故障5	网版上出现明显的刮痕	网版上出现明显的刮痕是因为上浆器的有缺口	应重新选择上浆器，重新涂布

任务四 | 晒版

支撑知识

知识一　光源的光谱、光强度和照度的概念

1. 光源的光谱

光源光谱中各波长的辐射能量是不一样的，若光源光谱能量的分布是连续的，称为连续光谱；若能量分布由一些密集线构成，称为线状光谱；由连续光谱和线状光谱合成的能量分布叫混合光谱。在照相制版中，为了与感光材料的光谱灵敏度相适应，分色光源应具有连续或混合光谱，而晒版光源则是采用线状光谱光源，光谱中含有较强的300～400nm的蓝紫、紫外光。

2. 光强度

光是由辐射体向四周空间作辐射时，不断发生的辐射能。将在单位时间内通过某一面积的辐射能量的大小称为通过该面积的辐射通量，将可见光的辐射通量称为光通量，单位为流明（lm）。

点光源的发光强度是指在单位立体角中发生的光通量，单位为坎德拉（cd）；面光源的发光强度用面发光强度描述单位面积发出的光通量，单位为勒克斯（lx），对同一种光源，功率越大，发光强度也越大。

3. 照度

指被照物体单位面积上接受的光通量，单位为勒克斯。

知识二　检查晒版机的工作状态

检验晒版机工作状态的步骤：

（1）检查晒版玻璃是否洁净。

（2）检查橡皮布是否漏气。

（3）检查光源照度是否均匀。

（4）使用照度计检查版面中心和周围部位曝光光源照度是否一致。

知识三　排除制版设备故障和气路故障

排除制版设备机械故障及气路故障的步骤：

1. 机械故障

（1）晒版机在装置光源时，灯线接头要紧紧的固定在接线柱上。

（2）要保持紧密接触，倘若接触不良，该部位就会发热，成为故障的原因。

（3）光源灯光有时不亮，可能为激发器电源接触不好。但金属卤素灯和水银灯，一旦关灯以后，即使再开灯，灯也不亮。重新开灯时至发出稳定光亮为止，需要一段时间。所以要连续晒版时，灯可一直开着，把光源罩住，曝光时拉开罩，曝光后把罩遮上。晒版结束才关灯。

2. 气路故障

晒版中有时抽气不紧，有以下原因：

（1）橡皮布漏气，检查橡皮布四角橡皮垫和吸管是否漏气。

（2）检查修理真空泵。

（3）定期换油。

知识四　抽气装置的类型、结构及工作原理

真空晒版机从抽气装置类型上分为两种：一种是全包式抽气装置，一种是内吸式气装置。

1. 全包式抽气装置

晒版时首先把涂布了乳剂的丝网版同阳图底版一起放在玻璃板上，上面罩上橡皮布紧固两个框，用真空泵把内部的空气抽出，使之密合，如图 5-4-1 所示。

其优点是：无须考虑版框的大小，小的版框也可进行晒版。缺点是：占地面积大；版框的尖角容易损坏橡皮布罩；抽真空时间长；橡皮布罩随着抽真空密合而拉伸，容易损伤橡皮布。

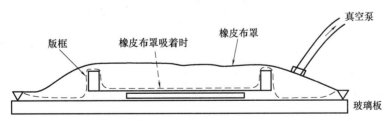

图 5-4-1　全包式真空晒版机

2. 内吸式抽气装置

为使晒版框本身小型化，不再使用以往的真空晒版框被橡皮布罩包住的办法，而是只把制版框内部的图案部分吸真空密合，一般称为内吸型晒版机，如图 5-4-2 所示。这种形式可使真空晒版框体积变小，另外入射的光能进入晒版框内部，因此光不向外部扩散。然

而如果版框和晒版吸附框的大小不匹配时，就不能进行吸真空密合。

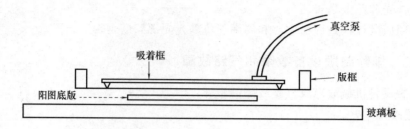

图 5-4-2   内吸型真空晒版机

其优点是：占地面积小；橡皮布可以长久使用；抽真空时间短；晒版数量多时有很高的效率；因光源设置在晒版框内部，光线不会外泄。缺点是：橡皮布在版框的大小有变化时，要相应地进行更换；多个小框同时晒版困难。

技能训练

任务 1   真空晒版机晒版

（1）使用器材（如表 5-4-1 所示）

表 5-4-1   晒版所使用器材

器材名称	使用功能	器材名称	使用功能
晒版机	曝光胶片	水枪	显影
碎布	清洁胶片和晒版机的玻璃表面	烘干机	干燥显影后的网版
酒精	清洁胶片和晒版机的玻璃表面		

（2）质量要求（如表 5-4-2 所示）

表 5-4-2   晒版的质量要求

质量指标	质量要求
图案位置	图案位置准确
图案质量	图案部分清晰、通透、方向正确
版面质量	版面无破损、整洁
空白部分质量	非图案部分无漏洞
感光膜质量	感光胶无脱落的现象，感光胶膜不存在气泡、砂眼或者异物
封网质量	靠近网框的四边封网良好

（3）操作步骤

① 用酒精擦拭胶片与晒版机，如图 5-4-3 所示。

② 固定胶片。将胶片贴在印版水平居中位置，垂直方向上方离印版约 14cm（咬口位），下方及两侧则大概居中位置，固定胶片，胶片正面贴紧网版印刷面，如图 5-4-4 所示。

③ 将网版正面朝下放置在晒版机中央，对准紫外灯光源。

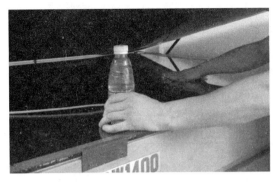
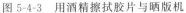

图 5-4-3　用酒精擦拭胶片与晒版机

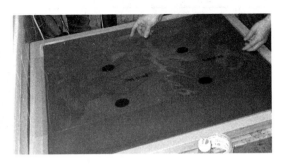

图 5-4-4　固定胶片

④ 抽真空，把抽气管放在网框里，便于充分抽空，使曝光完全。

⑤ 盖上晒版机的上盖，打开放气阀。

⑥ 气动电源，设置晒版时间，一般为 30s。按下抽气启动按钮，自动曝光。

⑦ 显影　用水枪冲洗掉网版上的图文部分，必要时可用手摩擦，帮助显影，但注意不可以划花图文部分的边缘，显影时间不宜过长，如果要加快显影速度，可用温水冲洗，如图 5-4-5 所示。

⑧ 烘干

先甩干网框及网纱上的水，用吸水性好的碎布擦干网框四周的水珠。注意：切忌不可把布接触到网纱，以免网纱上残留碎布的碎屑，在网纱上造成堵网。

将网框放置入烘干机干燥。干燥温度一般在 40～45℃；烘干时间一般为 15min。

图 5-4-5　显影

（4）注意事项

① 将胶片贴在印版水平居中位置，垂直方向上方离印版约 14cm（咬口位），下方及两侧则大概居中位置，固定胶片，胶片正面贴紧网版印刷面。

② 晒版机要先用抹布沾上酒精清洁晒版玻璃。

③ 曝光时间为 30s 左右。

④ 修版时，网版要迎光而观察，避免遗漏修补地方。

（5）常见故障分析（如表 5-4-3 所示）

表 5-4-3　　　　　　　　　　　真空晒版常见故障分析

序号	现　象	原　因	解决办法
故障 1	图案边缘不够清晰	曝光过度造成"光散射"，形成侧腐蚀	重新制版，减少曝光时间
故障 2	图案细微部分堵住	曝光过度、密封不够、胶片本身不够黑	正确控制曝光时间；检查抽真空时间是否足够，确保密合；检查胶片或硫酸纸上图案对应部位是否够黑，用黑笔填涂或重新出胶片

续表

序号	现 象	原 因	解 决 办 法
故障3	图案晒反了或歪斜了	底片贴反了或贴歪了	重新制版,将胶片重新贴好
故障4	感光胶脱落	曝光不足	重新晒版
故障5	图案有真空、白点	感光膜过薄或胶片上有脏点或网版本身涂布感光胶时对应位置有针孔	细小针孔,可用封网浆填堵或透明胶带封住。或用感光胶填涂,然后重新曝光硬化

任务五 ┃ 印刷

支撑知识

知识一 UV 特种包装油墨介绍

（一）UV 哑膜光油

1. 适合的承印物

适用于各类覆有 PET 膜、BOPP 哑膜的纸张以及硬质 PVC、ABS、PP 等塑料制品的印刷上光。

2. 应用范围

日常用品和文化用品,如:食品包装、化妆品、音像制品、画报等。

3. 产品特性

在多数哑膜纸、部分光膜纸、塑料制品上有良好的附着力、柔韧性、光泽度及流平性。具体情况如表 5-5-1 所示。

表 5-5-1

产品	光泽度	耐黄变性	耐水性	柔韧性	附着力
UVH-哑膜光油	87~89	可调	5级	优良可模切	优良

4. 产品技术参数（如表 5-5-2 所示）

表 5-5-2

产品	色相	黏度/25℃	固化速度	固化所需能量	固含量
UVH-哑膜光油	乳白色液体	3′40″~4′20″	15~25m/min	120mj/cm²	≥45%

5. 印刷参数说明

网纱:采用 300~380 目聚酯网纱,张力:13~15N/cm²。

刮胶:65~75°聚氨酯刮胶。

喷涂:用于喷涂时,只需加入喷涂水后即可操作。

参考用量:在 350 目印刷时,用量为 35~40m²/kg

UV 机功率：建议使用 2 只 5kW 以上的中高压汞灯，保证有足够的输出能量。

助剂：选用 UVH-1 稀释剂可以降低光油黏度，选用 UVH-光固促进剂，可以加快光油固化速度。

清洗网版：用普通溶剂型洗网水清洗即可，待完全挥发干净后印刷。

6. 注意事项

（1）由于 UVH-哑膜光油柔韧性很好，高温时有可能会发生回粘、发雾或流平不好等现象，尤其在双铜纸上须留意。因此，操作时，应将光油搅拌均匀后印刷，并保证 UV 机有足够良好的通风，在收纸过程中注意降温并避免堆放过多或重压出现粘连。有条件的情况下，建议风扇冷却后并分开放置。

（2）稀释剂、固化剂等材料可能对某些操作人员皮肤有一定刺激作用，应注意自身防护。若皮肤接触到，及时用肥皂水或清水清洗；若眼睛不慎接触，立刻用大量清水冲洗，并及时就医。衣服上粘着油墨时及时更换。

（3）虽然 UV 哑膜光油附力优异，但基材表面的处理程度和洁净程度是影响附着力非常主要的因素，经测试，该光油表面张力大于 38 达因的基材上都具有良好附着力。因此，需请客户认真测试所用基材张力是否可以满足印刷要求。

7. 存储条件

5～25℃条件下可存放 6 个月，避免强光照射、防接触强酸、强碱。

8. 产品效果实例（如图 5-5-1 所示）

（二）UV 纸张光油

1. 适合的承印物

适用于大部分印刷、包装用纸张，如：铜版纸、白板纸、卡纸、合成纸、部分牛皮纸等纸品及部分 PC、PVC 等塑料底材。

2. 应用范围

书籍、挂历、日用品、文化用品、宣传画报等。

图 5-5-1　UV 哑膜光油产品效果图

3. 产品特性

光泽底高、流平性能好、耐摩擦性、耐化学品性能好，具体情况如表 5-5-3 所示。

表 5-5-3

产品	光泽度	耐水性	耐溶剂性	柔韧性	附着力
UVH-110A 光油	95-98	5 级	5 级	一般	一般
UVH-200 光油	88-90	5 级	3 级	良好	优

4. 产品技术参数（如表 5-5-4）所示

5. 印刷参数说明

网纱：建议采用 300～350 目聚酯网纱，张力为 13～15N/cm²。

表 5-5-4

产品	色相	黏度/25℃	固化速度	固化所需能量	固含量
UVH-110A 光油	乳白色液体	3′40″～4′20″	20～30m/min	70mj/cm²	≥99%
UVH-200 光油	乳白色液体	3′30″～3′50″	15～25m/min	110mj/cm²	≥98.5%

刮胶：65～75°聚氨酯刮胶。

参考用量：300 目印刷，用量约为 35～38m²/kg。

UV 机：建议使用 2 支 5kW 以上的中高压汞灯，保证输出的 UV 能量能够满足固化要求。

助剂：UVH-1 稀释剂可降低光油黏度。

网版清洗：用普通溶剂洗网水清洗即可，待完全挥发后印刷。

6. 注意事项

（1）UVH-110A、200 光油能够满足大部分纸张的印刷要求，但仍需做好相关样品测试工作。

（2）UVH-110A 光油耐折叠、耐冲压性能在某些纸张上欠缺，需要留意。

（3）UVH-200 纸张光油柔韧性、附着力都很好，同时对 UV 能量比 UVH-110A 光油要求高，需适当调节 UV 能量以保证充分固化使印面不回粘、不消光。

7. 存储条件

5～25℃条件下可存放 6 个月，避免强光照射、防接触强酸、强碱。

8. 产品效果实例（如图 5-5-2 所示）

（三）UV 凸字光油

1. 适合的承印物

适用于各类覆有 PET 膜、BOPP 哑膜的纸张以及硬质 PVC、ABS、PP 等塑料制品的印刷上光

2. 应用范围

日常用品和文化用品，如：食品包装、化妆品、音像制品、画报等。

3. 产品特性

在多数哑膜纸、部分光膜纸、塑料制品上有良好的附着力、柔韧性、光泽度及流平性，具体情况如表 5-5-5 所示。

图 5-5-2　UV 纸张光油产品效果图

表 5-5-5

产品	光泽度	耐黄变性	耐水性	柔韧性	附着力
UVH-凸字光油	87～89	可调	5 级	良好	良好

4. 产品技术参数（如表 5-5-6 所示）

5. 印刷参数说明

网纱：采用 300～380 目聚酯网纱，张力为 13～15N/cm²

表 5-5-6

产品	色相	黏度/25℃	固化速度	固化所需能量	固含量
UVH-凸字光油	乳白色液体	34～42p	15～25m/min	90mj/cm²	≥98%

刮胶：65～75°聚氨酯刮胶

参考用量：在 350 目印刷时，用量为 35～40m²/kg。

UV 机功率：建议使用 2 只 5kW 以上的中高压汞灯，保证有足够的输出能量。

助剂：选用 UVH-1 稀释剂可以降低光油黏度，选用 UVH-光固促进剂，可以加快光油固化速度。

清洗网版：用普通溶剂型洗网水清洗即可，待完全挥发干净后印刷。

6. 存储条件

5～25℃条件下可存放 6 个月，避免强光照射、防接触强酸、强碱。

（四）UV 系列水晶油墨

1. 适合的承印物

各类纸张、PVC、PC、木材、部分覆膜纸、磷化处理过的金属片材等。

2. 应用范围

烟酒包装、挂历、音像制品、餐垫、文具等。

3. 产品特性

光亮透明、平滑、柔韧，有较强的立体厚实上光效果，本品同时可加入七彩片、镭射等彩片使印刷品产生金属闪烁效果，具体情况如表 5-5-7 所示。

表 5-5-7

产品	光泽度	耐水性	柔韧性	附着力
UVH-水晶油墨	95-97	5 级	良好	良好

4. 产品技术参数（如表 5-5-8 所示）

表 5-5-8

产品	色相	黏度/25℃	固化速度	固化所需能量	固含量
UVH-水晶油墨	透明无色或微黄色液体	28～32p	15～25m/min	≥90mj/cm²	≥99%

5. 印刷参数说明

网纱：印七彩水晶时，建议采用 40～80 目的尼龙网纱，单独使用水晶时建议使用 250～350 目聚酯网纱。

刮胶：采用 70～75°聚酯刮胶。

参考用量：随网目的变化而变化。

UV 机功率：建议 2 支使用 5kW 中高压汞灯。

选用助剂：UVH-1♯，2♯稀释剂，UVH-消泡剂（建议用量 0.5%～1.5%）。

6. 注意事项

（1）UVH-水晶油墨在调配七彩片使用时，一般选用的网纱为 40～80 目的尼龙网纱，以保证七彩片能顺利过网，使印刷品有强烈的立体感和光亮度，但此时由于墨层的厚度会影响水晶的柔韧性，使用时请注意。

（2）在单独使用水晶作丝印上光时，印刷效果与基材的表面处理和洁净程度有直接的关系，如果基材表面张力过低或有杂质、喷粉时，在印刷水晶油墨时往往会出现有气泡、缩孔、附着力下降等现象。此时，需清洁基材表面或在水晶油墨中加入 0.5%～1.5% 的 UVH-消泡流平剂进行处理，但这样会对油墨的透明度有一定的影响，使用时应注意。

7. 存储条件

5～25℃条件下可存放 6 个月，避免强光照射、防接触强酸、强碱。

8. 产品效果实例（如图 5-5-3 所示）

图 5-5-3　UV 系列水晶油墨产品效果图

（五）UV 珊瑚、发泡油墨

1. 适合的承印物

纸张、PVC 等基材。

2. 应用范围

挂历、酒包、化妆品盒等。

3. 产品特性

在印刷品表面有类似"珊瑚树"的条纹，其花纹细密明显，明暗有致，树枝形状的花纹中间含有细小气泡的特殊效果，具体情况如表 5-5-9 所示。

表 5-5-9

产品	光泽度	耐水性	抗刮伤性	柔韧度	附着力
UVH-珊瑚油墨	随底材变化而变化	5 级	一般	一般	良好

4. 产品技术参数（如表 5-5-10 所示）

表 5-5-10

产品	色相	黏度/25℃	固化速度	固化所需能量	固含量
UVH-珊瑚油墨	无色透明液体	100～120p	20～30m/min	≥60mj/cm^2	≥99%

5. 印刷参数说明

网版：建议采用 150～200 目的聚酯网纱，如果使用厚版，印刷效果将更有手感和珊瑚树技状效果。

刮胶：建议采用 70～75°聚酯刮胶。

参考用量：用 180 目网版印刷时，用量为 25～30m^2/kg。

UV 机动率：建议使用 2 只 5kW 的中高压汞灯。

选用助剂：UVH-1♯，2♯稀释剂。

6. 注意事项

（1）珊瑚油墨又称发泡油墨，如需印刷单独隔离的小泡点可添加 3%～5%UVA-1♯2 或 UVA-2♯稀释剂调整黏度后印刷。

（2）珊瑚油墨印刷效果与网目、网距、印刷速度、印刷压力有密切关联，建议印刷时尽量快速印刷，同时调整相关印刷工艺。

（3）油墨印刷后可通过等待过 UV 机的时间调整花纹大小，一般情况下，立即通过 UV 机，花纹清晰有序；等待时间越长，花纹越大会越模糊。

7. 存储条件

5～25℃条件下可存放 6 个月，避免强光照射、防接触强酸、强碱。

（六）UV 皱纹油墨

1. 适合的承印物

纸张、PVC 片材、有机玻璃、部分覆膜纸。

2. 应用范围

烟、酒、文具、挂历、茶叶产品、化妆品、礼品等包装。

3. 产品特性

印刷品有类以上鱼鳞状的特殊效果，花面条纹均匀良好，明亮有致、有强烈的反光效果，具体情况如表 5-5-11 所示。

表 5-5-11

产品	光泽度	耐水性	柔韧性
UVH-皱纹油墨	根据工艺有变化	2 级	在保证附着力良好的情况下,可冲压模切

4. 产品技术参数（如表 5-5-12 所示）

表 5-5-12

产品	色相	黏度/25℃	固化速度	固化所需能量	固含量
UVH-皱纹油墨	透明或微黄色液体	25～30p	15～25m/min	$\geqslant90mj/cm^2$	$\geqslant99\%$

5. 印刷参数说明

网版：建议使用 120～250 目聚酯网纱，张力为 13～15N/cm²。

刮胶：65～75°聚氨酯刮胶；

参考用量：180 目印刷时，用量约为 30～35m²/kg。

UV 机功率：低压皱纹灯，3 只 40W；中高压灯，2 只 5kW。

选用助剂：UVH-2♯稀释剂，其他型号助剂可能影响起皱效果。

6. 注意事项

（1）因皱纹油量受纸张的含水率、印刷存放环境的湿度影响非常明显，如果纸张自身的含水率高或者过多吸附空气中的水分，那么在该纸张上印刷的皱纹附着力可能急剧下降，甚至会出现霉点或大面积脱落的现象，遇到此情况时，可以参考以下做法：①先将受潮或吸水率大的纸品用阳光或光固机烘干。②避免操作环境的高温潮湿。③如果纸品已印刷发现脱落时可用阳光或光固机烘干，可以缓解此现象。

（2）印刷哑膜纸张时，由于皱纹起皱会导致与基材接触润湿面减少，同时起皱收缩将产生长时间的集中，随着哑膜面处理程度的缓慢减弱，普通的皱纹油墨将会逐渐丧失附着力。因此，对于哑膜纸必须选用专用皱纹油量，并请客户做好测试工作。

（3）印刷覆有离型纸的 PVC、有机玻璃片材时，需用酒精擦拭表面，以免影响皱纹的长期附着力。

（4）印刷皱纹油墨时，所选网版的目数、感光胶层的厚薄、皱纹灯选用的功率及光固机传送速度的快慢都将影响皱纹的印刷效果，应做好相关的打样工作。

7. 存储条件

5～25℃条件下可存放 6 个月，避免强光照射、防接触强酸、强碱。

8. 产品效果实例（如图 5-5-4 所示）

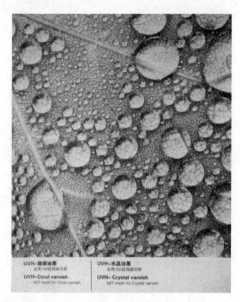

图 5-5-4　UV 皱纹油墨产品效果图

（七）UV 哑光浆

1. 适合的承印物

卡纸、合成纸张、PVC、PET、PC 塑料等。

2. 应用范围

各类烟、酒包装、文化制品、PVC、PET 塑料化妆品盒等。

3. 产品特性

表面平滑，但低度磨光，产生漫反射，无光泽，不产生镜面效果，无光污染，具体情况如表 5-5-13 所示。

表 5-5-13

产品	透明度	耐水性	柔韧性	附着力
UVH-120B 哑光浆	透明	5 级	良好	优异
UVH-1204B 哑光浆	半透明	4 级	良好	优秀

4. 产品技术参数（如表 5-5-14 所示）

表 5-5-14

产品	色相	黏度/25℃	固化速度	固化所需能量	固含量
UVH-120B 哑光浆	乳白色膏状	300p	15～25m/min	120mj/cm²	≥98％
UVH-1204B 哑光浆	乳白色膏状	320p	15～25m/min	120mj/cm²	≥99％

5. 使用说明

网纱：采用 250～350 目的聚酯网纱，张力为 13～15N/cm²。

胶刮：采用 70～75°聚氨酯胶刮。

参考用量：350 目印刷，用量约为 30～35m²/kg。

UV 机功率：建议使用 2 只 3kW 以上的中高压汞灯。

选用助剂：UVH-1♯，稀释剂调整油墨黏度，UVH 光固促进剂加快固化速度。

6. 注意事项

（1）本品黏度较高，使用时需充分搅拌均匀。

（2）本品印刷为哑光效果，底材的光泽度对哑光效果有重要的影响，应留意测试结果。

7. 存储条件

5～25℃条件下可存放 6 个月，避免强光照射、防接触强酸、强碱。

8. 产品效果实例（如图 5-5-5 所示）

（八）UVH 系列磨砂油墨

1. 适合的承印物

金、银、镭射、合成卡纸、PVC、PC 塑料、BOPP 哑膜等。

2. 应用范围

烟、酒包装、挂历、PVC 化妆品盒等。

3. 产品特性

可以提供细、中、粗型号的砂感效果，并具有优良的附着力和折叠冲压性能，具体情况如表 5-5-15 所示。

4. 产品技术参数（如表 5-5-16 所示）

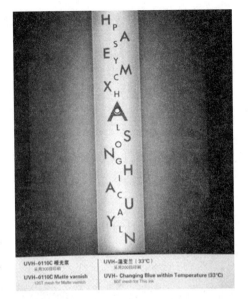

图 5-5-5　UV 哑光浆产品效果图

表 5-5-15

产品	砂感	耐水性	柔韧度	附着力
UVH-1-8 # 磨砂	从细到粗	5 级	在卡纸上良好	良好
UVH-0501 系列磨砂	可调整	4 级	良好	优秀

表 5-5-16

产品	色相	黏度	固化速度	固化所需能量	固含量
UVH-1-8 # 磨砂	乳白色膏状	150～250p	20～30m/min	≥70mj/cm²	≥98%
UVH-0501 系列磨砂	乳白色膏状	250～280p	15～25m/min	≥110mj/cm²	≥97%

5. 使用说明

网纱：采用 100～420 目的聚酯网纱，张力为 15～16N/cm²。粗砂 100～200 目，中砂 200～300 目，细砂 300～400 目。

刮胶：75～80°聚酯刮胶，过纸印刷 2 次后再用洗网水清洗。

6. 注意事项

（1）磨砂的砂感控制可以从多方面来调整，选择适合的磨砂型编号，或是选择不同目数的网版印刷。

（2）为满足高档烟酒包装印刷要求，可根据客户要求调节砂感、色相、气味、柔韧性等性能。

7. 存储条件

5～25℃条件下可存放 6 个月，避免强光照射、防接触强酸、强碱。

8. 产品效果实例（如图 5-5-6 所示）

知识二　XB-PY6080 半自动平面丝网印刷机

（一）设备简介（如图 5-5-7 所示）

该半自动丝网印刷机是目前国内丝网印刷的主要设备，功能强大且操作方便，具有自动化程度高、印刷精度高等优点。

图 5-5-6　UVH 系列磨砂油墨产品效果图

图 5-5-7　XB-PY6080 半自动平面丝网印刷机

（二）九大组成部分

（1）工作平台　工作平台主要用于放置及定位印刷品，工作平台上有密集的气孔，用于印刷时吸附印刷品。

（2）操作面板　操作面板集中了操作过程中的各个控制按键。

（3）动力系统　该丝网印刷机设有两套独立的动力传动系统：

① 用于驱动网版座作上下摆动。

② 用于驱动印刷刮刀和回墨刮刀作往复运动。

（4）网版座（如图 5-5-8 所示）　网版座主要用于安装丝网版，并在工作时由摆框带动网版上下摆动。印刷时，网版自动下摆并接近印刷品，印刷结束，自动上摆，离开印刷品。

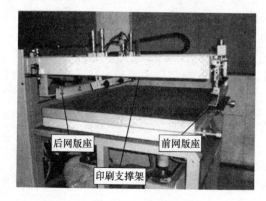

图 5-5-8　网版座

（5）机座与机身　机座底部有四只地脚轮和可调支脚。当机器搬运时，使用地脚轮支撑，使机器移动更轻便。机器安装位置固定后，使用可调支脚支撑机器，保证机器运转的平稳

（6）气泵、真空泵　该设备的气泵装置主要用于驱动副墨刀及回墨刀的上下运动。

工作平台下设有气室，在印刷时，产生负压，利用工作平台面板上的密集吸气孔，将印刷品牢牢吸住，保证印刷品在印刷过程中的定位可靠性。气室的负压是由真空泵产生的，印刷结束后，真空泵卸压，松开印刷品。

（7）刮墨刀与回墨刀　印刷时，刮墨刀处于网版的上方用于刮墨，使油墨透过网版的网孔传给印刷品，在印刷品上获得图文；回墨刀在机器完成一次印刷后，重新将网版上的油墨刮回到起始位置。

（8）电气控制系统　电气控制装置可实现下列三种控制功能：

① 工作循环控制。

② 负压控制。

③ 每一个工作循环的刮墨刀位置控制。

（9）冷却系统　用于排除长时间工作的电机热量。

（三）操作控制面板（如图 5-5-9 所示）

（1）操作面板　操作面板集中了操作的过程中的各个控制按键。

（2）"设置"按钮　可进行印刷速度、回墨速度、副刀重复刮墨次数、回墨刀在开始刮墨之前停留在起始位置的延时时间的设置。

图 5-5-9　操作控制面板

（3）"工作"按钮与"气泵"按钮　用手指点触"工作"按钮，轮换点触按钮时，按钮上方"单印"与"连续"指示灯连续显亮。"气泵"按钮用于选择气泵工作方式，当对应上方"长吸风"指示灯亮时，工作台上的印刷品处于被吸住的状态；而"自动"指示灯亮时，处于自动换气的状态。

（4）"网框"、"印刷"、"墨刀"按钮　"网框"按钮用于启动网框的上升与下降。"印刷"按钮用于启动刮刀完成个行程。"墨刀"按钮用于启动刮墨刀或使回墨刀下降。

（5）"计数器"和"清零"按钮　前者用于累计记录印刷次数，后者用于消除记录的数字。

（6）"点动"按钮　对该按钮进行点触，则机器随手指的即按即退而时动时停；若对按钮进行连续触动，机器将进行低速印刷，印刷速度为正常印刷速度的三分之一。

（7）"功能"按钮　点触该按钮即可进行印刷。

（四）安全防护装置（如图 5-5-10 所示）

（1）电源开关　电源开关外形为蘑菇状，捏住开关顺时针方向旋转，接通电源。当出现异常情况时，用于紧急停机，以确保人机安全。操作时，用手压按，切断电源。

（2）脚踏开关　在单印时，如遇紧急情况，踩下开关，能起到安全保护作用。如：在网版开始下降时，发现台面上的被印刷品定位不准时，就可以在网版接近台面之前踩下开关，使网版上升，然后对印刷品的位置进行调整，调整好后再松开开关，机器继续运行确保印刷质量。

（3）紧急开关　工作台面前安装有紧急开关板，如遇非常情况，用手压按开关板，网

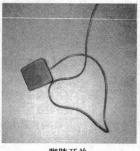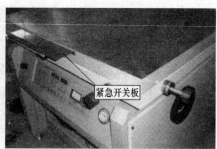

电源开关　　　　　　　　脚踏开关　　　　　　　　紧急开关

图 5-5-10　安全防护装置

框将停止下降,并回升到最高位置确保安全。

技能训练

任务 1　UV 磨砂印刷

(1) 使用器材(如表 5-5-17 所示)

表 5-5-17　　　　　　　　　　　UV 磨砂印刷所使用器材

器 材 名 称	使 用 功 能
XB-PY6080 半自动平面丝网印刷机	印刷图文
网版	承载图文信息
刮墨刀	刮墨,油墨转移到承印物上
回墨刀	回墨,将油墨均匀的铺展在网版表面
印刷品	其他印刷工序后的印刷品,丝印工序的承印物
UV 磨砂油墨	丝印油墨
定位片	定位印刷品
UV 干燥机	干燥 UV 磨砂油墨
洗网水	清洗网版
抹布	清洁、擦拭网版

(2) 质量要求(如表 5-5-18 所示)

表 5-5-18　　　　　　　　　　　UV 磨砂印刷的质量要求

质 量 指 标	质 量 要 求
UV 磨砂油墨	油墨在使用期内;使用前搅拌均匀
印刷半成品	印刷半成品上不能有喷粉、灰尘等杂质
刮墨刀和回墨刀质量	无缺口不刮手
刮墨刀和回墨刀装刀角度	刮墨刀的角度为 70°~80°,回墨刀的角度为 90°
网距	调整至 4~6mm
墨迹表面与厚度	墨迹厚度决定磨砂效果,满足样品要求

续表

质 量 指 标	质 量 要 求
图案的位置	定位准确,图案位置满足样品要求
加墨量	要适当
印刷压力	要适当
UV 干燥	UV 干燥机的速度、温度和时间要控制好
实时抽检	实时抽检,防止不良产品,预防故障

（3）操作步骤

步骤 1：油墨预处理

① 检查油墨是否在有效期限内，保存环境是否符合要求。

② 使用前搅拌均匀，使整罐油墨的黏度一致，避免给印刷过程中造成麻烦，以及印刷效果不佳。

步骤 2：印刷半成品的处理

此处的印刷半成品是指丝印的承印物，是经过胶印或其他印刷工序的印刷产品。

① 首先要检查印刷半成品是否有质量问题。

② 检查印刷半成品的表面是否干净，是否有喷粉、灰尘等杂质。少量的粉尘可以用抹布擦拭；如果喷粉严重，可以用除粉机除粉。

步骤 3：安装丝网版（如图 5-5-11 所示）

① 将网框降至工作位置，开启"电源"，点触"网框"按钮，将摆框下降至工作位置，便于装版操作。

② 调节网版夹的距离

a. 松开后网版夹移动导杆的锁紧螺钉，使后网版夹可以前后移动。

b. 移动后网版夹（前移或后移），使前、后网版夹之间的距离与待安装的网版长度相适应。

图 5-5-11　安装丝网印版

c. 调节好之后，将锁紧螺钉锁紧即可。

③ 装网版

a. 松开前网版夹用于压紧网版的滚花螺钉，将网版装入网版夹，并重新用液花螺钉夹紧网版。

b. 松开后网版夹用于压紧网版的花螺钉，将网版装入网版夹，并重新用滚花螺钉夹紧网版。

④ 调节网版与工作平台的平行度

a. 利用后网版夹和支座之间的左右两个微调螺栓，对网版夹两端作不等量的上下调节，使网版与印刷台面平行。

b. 通过前网版夹的前后摆动及后网版夹的前后平移来调节网版对印刷台面的平行度。

c. 通过调节前网版夹与支座之间的左右连接挂钩的长度，调节网版与印刷台面的平行度。用内六角扳手将调节螺丝松开，调节挂钩的长度，然后再锁紧调节螺丝。

⑤ 网距调整。降低丝网印版或升高平台均可实现网台距调整，一般采用升高平台的办法。平台的升降可通过旋转设备右侧的手轮来调节。网台距一般为被印品的厚度再加6～8mm，要注意丝网印版四角网台距的一致性，误差不应大于1mm。

步骤4：刮墨刀与回墨刀的安装与调节（如图5-5-12所示）

图5-5-12 刮墨刀与回墨刀的安装与调节

① 选刮墨刀、刀夹。根据印刷图文的大小选择刮墨刀胶条及刀夹。将刮墨刀与印版图文比较，一般刮墨刀的长度要比印刷图文长10cm左右，即刮墨时，副墨刀的两边分别比网版上的图案长5cm。

② 装配制墨刀

a. 装刀条，将橡胶条安装在刀夹内。

b. 固定刀条，用内六角扳手将在夹具上的螺丝拧紧，固定刮胶条。

③ 刮墨刀水平测试。将刮墨刀倒放在水平面上，水平仪放置在刮墨刀条上。观察水平仪内的水泡，若水泡处于中间位置说明刮墨刀安装水平；若水泡不在中间位置，则刮墨刀条需重新安装调节。

④ 退出网框。将丝网版的前网版夹的螺丝松开，网框退出前网版夹。点触"网框"按钮，将摆框上升。

⑤ 安装回墨刀。将回墨刀安装在刀座内，用螺钉固定好。

⑥ 安装刮墨刀。将刮墨刀安装在刀座内，并用螺钉紧固好。

⑦ 安装网框。点触"网框"，使网版座下降，将网版前网框重新装入前网版夹，并固定好。

⑧ 降下刮墨刀。点触"墨刀"按钮，下降刮墨刀。

⑨ 调节刮墨刀的左右位置。刮墨刀的刀座通过螺钉固定在个长条形的滑动槽内。调节时只要松开螺钉，就可以将刀座左右移动，调节好之后，锁紧紧固螺钉即可。

⑩ 调节制力的角度。先松开刀座与固定杆的紧固螺钉，然后转动刀座，调节刮墨刀角度。一般刮墨刀调节至后倾60°。调节好之后，再锁紧紧固螺钉。

⑪ 调节刮墨刀的压力。松开刮墨刀滚花锁紧螺母，调节螺母，顺时针方向旋转螺母，刮墨刀升起，反之下降。调节印刷刮墨刀刀口全长与台面密切接触。也可将版升起，调节时，观察刮墨刀全长与丝网接触力的大小，调节好之后，拧紧滚花锁紧螺母。

⑫ 调节回墨刀的左右位置。用六角扳手松开紧固螺钉，调节回墨刀刀座的左右位置，调节好之后，拧紧螺钉即可。

⑬ 下降回墨刀

⑭ 回墨刀压力调节。松开回墨刀滚花锁紧螺母，调节滚花调节螺母，顺时针方向旋

转滚花调节螺母刮刀升，反之降。调节回墨刀使之与丝网刚好接触。调节好之后，拧紧滚花锁紧螺母。

⑮ 气压调节刮墨刀与回墨刀压力。通过上述的机械调节之后，若副墨刀与回墨刀的压力还达不到印刷的要求，可通过气压调节阅调节气泵输出的气压大小，实现刮墨刀与回墨刀压力的同时调节。

步骤5：确定印刷定位规矩

① 放置承印物。将承印物放在印刷台合适的位置上，再将印刷要求把阳图胶片放在承印物相应的位置上。

② 贴胶带纸。在承印物的两侧贴上胶带纸。

③ 降网版。点触"网框"按钮，使网版下降至工作位置。

④ 检查重合。将丝网往下按，查看丝网上的图文是否与胶片片上的图文重合。

⑤ 调节。若丝网上的图文与胶片上的图文不重合，可通过以下两个步骤来调节：

a. 粗调。拉动承印物左有两边的胶带纸，同时带动非林片，使基材片上的图文与印版上的图文重合；

b. 细调。当胶片片上的图文与印版上的图文接近重合的时候，可通过印刷台前的前两只调节螺钉来进行微调。

⑥ 升网版。点触"网框"按钮，使网版上升。

⑦ 侧定位。在承印物的短边取一点（一般在右侧取点），粘上定位规矩。规矩一般采用较厚的卡片纸、金属片、塑料薄板、手术刀片等。

⑧ 前定位。在承印物的长边取两点，粘上定位规矩。

步骤6：印刷（如图5-5-13所示）

① 倒墨。将刮墨刀移至印版后面，在印版前方加油墨（约14cm处）。

② 试印刷。试印刷是为了发现套印是否不准，印刷压力是否合适，如有不适，再根据原因进行调节。

③ 正式印刷。印刷时应注意随时抽查印品，检查其质量。

④ 加墨。加墨时要注意油墨的均匀性，一般加墨要在油墨还没完的时候添加；也可以将油墨刮起，与将要加上的油墨一起搅拌均匀后，再上墨。

⑤ 干燥。印刷完成后直接进入UV干燥机干燥，UV干燥时间、速度、温度。

图5-5-13　印刷

（4）注意事项

① 油墨在印刷前必须搅拌均匀。

② 印刷前，检查印刷半成品，除去半成品上的杂质。

③ 印刷前，调整印刷机，包括水平、压力、行程等。

④ 印刷时，必须进行实时抽样检查，防止不良产品，预防故障产生。

⑤ 印刷时加墨，应注意油墨的均匀性。

⑥ 印刷品进入 UV 机干燥，应注意调整干燥温度、速度。

（5）常见故障分析（如表 5-5-19 所示）

表 5-5-19   印刷常见故障分析

序号	现　象	原　因	解决办法
故障 1	每个产品印刷位置不同	放承印物时,定位不准	重新定位
故障 2	印刷品的附着力不好	原因 1:光固树脂和活性单体经紫外光固化后不可避免地会发生体积收缩,影响磨砂油墨在低表面能、非极性基材上的附着力。 原因 2:基材表面有硅油、喷粉、灰尘等杂质	对于低表面能、非极性的基材如 PE、PP、PET 等应预先进行电晕处理或者其他的化学、物理处理后,方可调试使用;除去印刷半成品上的粉尘,保持承印物的清洁
故障 3	砂感不好,表现为凹凸感不强烈	原因 1:磨砂油墨中填料选择不当,粒径太小。 原因 2:填料加入量不当。 原因 3:刮刀选择不当。 原因 4:丝网目数选择欠妥	根据印刷品的砂感要求,可选择直径大小适当的填料;适当增加填料的用量;选用合适硬度的刮刀。一般而言,刮刀硬度越高,印刷的图案越分明,刮刀硬度越低,印刷的图案越容易虚边,造成砂感减弱。同时,调节网版的目数也能明显改善印样的砂感。一般来说,对于同一型号的磨砂油墨而言,目数越低,砂感越强烈
故障 4	印刷品的韧性较差。主要体现在折叠和切割等后工艺中容易发生破裂	原因 1:磨砂油墨自身韧性欠佳。 原因 2:印刷的磨砂油墨墨层厚度过大	选择其他品牌磨砂油墨;的在保证磨砂花纹的同时,尽量减少墨层厚度
故障 5	印品空白部位出现脏点	网版出现针孔	用透明胶或封版浆修补针孔位置
故障 6	印刷品表面有花白、不着墨现象	原因 1:丝网目数选择不当。 原因 2:基材表面有油污。 原因 3:磨砂油墨中含有低挥发性的油性杂质	大体而言,对于颗粒直径较大的填料,若选择高目数的丝网,由于网孔较小,印刷时油墨不易通过或者通过很少,使着墨不匀,出现花白现象,而油污的存在使着墨困难或者出现斑点、花白现象,这种情况可通过选择适当的网版和相应的清洁措施来解决
故障 7	印刷品有龟裂	原因 1:固化时间过长。 原因 2:磨砂油墨中的树脂自身韧性欠佳。 原因 3:绷网方式不适当	由于过长的固化时间会引发固化过度和后固化,造成龟裂。因此应控制好固化时间,选择柔韧性较好的光固树脂和活性单体也可以改善龟纹现象。采用斜绷网的方式来代替正绷网的方式,也可避免龟纹的产生
故障 8	镜面反差效果不明显	原因 1:承印基材自身的光泽度不高。 原因 2:磨砂油墨中填料加入量过大,完全遮盖住了基材。 原因 3:填料的哑光程度不高,造成镜面基材与油墨膜面反差不强烈	在选取合适填料的同时,尽可能选择高光泽的镜面基材

续表

序号	现　象	原　因	解 决 办 法
故障 9	印刷时发生糊版现象	原因 1:磨砂油墨自身的黏度过大。 原因 2:网距过小。 原因 3:选择的丝网目数过低。 原因 4:印刷压力大小不合适。	尽量减少磨砂油墨中光固树脂的黏度,调整网版与承印物的距离,选择适当目数的丝网或调节印刷压力。
故障 10	印迹拉丝	网距太小、压力过大、油墨太稠	抬高网距、增加回弹性;适当减小压力;油墨稀释

任务六 ｜ 质量控制 🔍

支撑知识

知识一　丝网印刷中常见故障分析及处理

丝网印刷故障产生的原因是多方面的,包括丝印机械、丝印油墨、印刷工艺、丝印材料、周围环境以及操作技术等诸多因素。丝网印刷故障的排除是丝网印刷工艺研究的重要内容,也是质量控制中要考虑和解决的问题。丝印故障的产生,有单一方面原因,但更多的是错综复杂的因素的交叉影响的结果。本节简单介绍丝网印刷工艺过程中的故障及解决方法。

丝网印刷故障的逻辑分析及处理步骤

1. 故障排除的逻辑分析

发现并排除丝网印刷故障是为了减少问题的发生,保证印刷工艺过程的顺利进行。从某种意义上来说,只要潜在的问题不复发,那么经验越多,对技术的要求就越少。然而,潜在的问题总是隐藏在每一个影响印刷的因素及综合因素之中。学得越多,发现的问题也会更多。在丝网印刷中,不可能存在完整的解决方案。为了更好地控制丝网印刷过程中的质量,我们除了掌握足够的知识技术外,还必须不断地积累经验和技巧,积累的结果是出现了一个称为统计意义上的工艺控制过程表（SPC）。

为了更好地发现并排除故障,同时建立工艺控制过程表,应按以下五条标准做。

（1）应用常识和逻辑方法解决问题　在解决任何问题的时候,当然包括丝网印刷故障,都应当根据基本常识做出简单的判断,确定解决问题基本步骤。举例来说,当按下按钮,机器不动,把操作面板拆开来查找原因是没有用的。常识和经验告诉我们,在检查操作面板里的元件之前,应该先检查电源,看是否有短路或断路。在发现并解决印刷品图像上的问题时,也要从最简单和最明显的原因开始。例如,图文没印上,检查墨的供应情况要比单纯地提高刮板的压力有效。

（2）假设出现的问题　解决一个简单的问题以后,应该假设下一个问题的出现。假设条件有一点改变时,结果会怎样。不断地把预测和实际情况进行比较。如果不进行假设的话（即使是错误的假设）,可能将很多时间浪费在试验上而不是花在解决问题上。当然,如果什么都不懂那只好一点点地试。

（3）记录出现的问题　当问题出现时，记录下来，包括解决方法。为了更好地解决问题，应该使用辅助工具。建立相应的参考手册，把出现的问题记录下来并尽可能的详细，包括可疑的问题和解决方法。可以根据每个人的具体情况制定方法。

（4）掌握相关专业知识　继续学习并补充有关知识，了解丝网印刷中各因素与印刷效果之间的关系。解决印刷中的问题，要了解丝网印刷过程中各种因素之间的联系和区别。要顺利进行丝网印刷，需了解不同的细网张力对墨流的影响，副刀的速度与压力之间的关系以及多种因素相互组合后对印品的影响。

（5）按照它们的重要性进行分类　根据影响效果的大小，把影响因素和相应的结果按一定顺序编排好。刚开始，把它写在纸上，直到经验丰富能够记到脑子里。加上自己构造的表，便可以根据概率和重要性轻松地确认可疑原因。

一步一步地找到方案并解决问题。在排除故障时，最重要的是要知道，一个问题常常由很多原因导致。例如，常见的"蹭脏"是由网张力不够引起的，但是，间隙、油墨黏度、印刷速度甚至机器本身也可能引起"蹭脏"。为了更好地解决问题，不可同时改变多个影响因素，否则会问题变得更复杂，或者虽然问题有好转，但永远不知道为什么会这样，抑或即使其中有正确的步骤，问题仍没有解决。所以，最好每次只进行一个步骤，那么会得到三个结果：

① 问题变得更糟的话，说明你的判断是正确的，但调节得不对。

② 如果问题有好转，但没有彻底解决，你至少找到了一个正确的原因，并操作正确。

③ 如果问题依然存在，那说明你的判断和操作与这个问题无关。要是这个操作曾经有效，那么现在的问题与以前的不一样。

对排除故障而言，合适的工具也是很重要的。例如：排除图文方面的故障需要观察并测量，至少需要100倍以上的放大镜，当然，立体显微镜或电子显微镜更好。

如果不仅要排除故障还要纠正问题和控制工艺，就需要其他工具。千分尺、测厚计、间隙测量仪、硬度计、测力计、黏度计，甚至秒表都是必须的。

2. 丝网故障的处理步骤

在印刷故障的处理过程中，所有问题都有一个共同点，即用肉眼或借助显微镜都能够观察到。一般来说，问题被分为两类：图文边缘的错误和图文区域的错误。图文边缘的错误是指图文边缘与原稿不符，图文区域的错误是指图文表面的问题。当然，丝网印刷中出现的问题并不限于这两类。套准对齐图文、调节墨量和印后加工对印刷质量都有影响。一般有四种特征可以用来对图文问题进行识别、比较和分类，通过四种特征进行制作工艺控制过程表。

① 位置。指连续印刷品中，相对整个图文而言，问题出现的位置。如果位置显示是相同的，那么问题就总是出现在同一地方。其他可能的情况是在不同的位置或印刷区域之外，或者接近（不精确）同一位置。

② 方向。指问题相对于印刷变量的方位。例如，当图像和网孔线的夹角为1°～10°或80°～89°时，锯齿边现象最明显。方向还指刮板刮痕、刮板长度和图像边缘的方向。

③ 大小。指出现问题的图像相对于合格印品的尺寸大小。例如：蹭脏会使图像变大，而边缘丢失会使图像变小。当印品中图像变化没有规律时，可以在表格中填写"随机"。

④ 频率。指印品上问题出现的频率。有些问题一直存在，如重影；有些问题偶尔出现，如墨线；而有些问题在几张印品上连续出现，然后又消失了，这时可在表中填上"两者都有"。

除了以上四个特征外，每一个故障都有一个或更多的特征易于辨识。如果印刷者不了解缺陷之间的不同点，就很难确认问题并解决它。

对于出现的丝网印刷问题，不可能在某个书中找到某一特定问题的解决方案。如果问题是由绷网张力不够引起，那增大张力即可；如果是由网版与承印物之间的间隙过大造成的，就减小间隙。但是，由于原因各种各样，原因之间又互相组合，所以解决问题并没有想象中的那么简单。

为了快速而有效地解决丝网故障，必须通过一定的逻辑步骤进行分析，在此以特定的故障为例进行说明。

问题：印刷品是由相等间距的线条构成的蝴蝶结形状。蝴蝶结两侧的中间位置，都有一个小区域（直径大约为 0.25inch）没被印上。检查网屏是否被堵住，而它看起来是正常的。清洗之后可印得几张精确的图案，但四五张之后，点子丢失的情况又会出现。

第一步：观察点子的位置、方向、大小和频率。我们发现它总是出现在同一地方，但不是很精确。无论是形状还是大小都有随机性。然而，除了前几张外，问题总是存在。

第二步：首先要做的是检查原稿。问题不像是原稿引起的，但我们需要确认一下。当然，原稿没问题。

第三步：检查是否还有其他问题，也许会给我们有所启发。用显微镜观察有问题的区域，会发现虽然墨有点多，但图像还是正确的，只是在这个区域附近的线有点粗糙。

第四步：根据检查结果，网屏是标准的 18Ncm 网屏，网版和承印物之间的距离也是合适的 0.125inch，所以，不像是网张力不够或网版和承印物之间距离的原因。然而，从问题描述表中我们却发现图像缺失与网版和承印物之间的距离有关。

第五步：当我们发现找不到一个确切的原因时，表明我们一定是忽略了某个重要的细节。在这个时候，必须仔细观察网版和承印物分离的过程。这个过程让我们明白了绷网张力和网版与承印物之间的距离是如何影响结果的。

第六步：改变印刷的速度（慢一些或快一些）来观察分离过程。看刮板后的墨迹是否为直线并与刮板平行（就像正常的情况一样）。采用低速运行，我们找到第一个线索。观察墨迹的形状，我们发现它不是一条直线。它实际上在蝴蝶结的两侧分成两个半圆，这是次要线索。

第七步：分析到此为止。低速时，副板后的墨迹是直的就不会有图像缺失的现象。高速时，墨迹是一种特别的形状，问题又出现了。唯一不同的是刮板速度，除非图像的形状与这个问题有关。一般情况下，不必做更多有关图像形状的实验。可以初步假定图像的形状是问题的原因。

不能改变图像的形状，但可以找与之有关的因素：其他因素是可改变的。在找到其他因素之前，我们查看问题描述表中图像缺失一栏，那里指出了六种可能的原因。据此，我们可以很容易地得出结论，对于特殊形状的图像，标准的绷网张力、网版和承印物之间的距离并不合适。

一种情况是图像显著地分为两个部分（如本例），另一种情况是图像相对网屏来说太大。在这两种情况下，墨迹都不是一条直线，它会在某一点形成圆弧状。

次要的方法是减小网版和承印物之间的距离或者增大副板压力，这都有利于网屏分离。如果用高黏度的油墨，则两种方法都不行，减小网版和承印物之间的距离有可能导致分离得更糟，而增大压力会使副刀弯曲，增大油墨的下漏。最好的解决办法是加大绷网张力与减小网版和承印物之间的距离，这样可确保油墨量并使网屏和承印物很好地分离。这个唯一的选择会使油墨黏度和印刷速度降低。这一方法只能解决第一次印刷出现的问题而不能防止以后的问题。

第八步：解决复杂问题包括以下几条：

① 使用适合解决问题的两种方法：a. 调整油墨浓度（如可能的话），降低印刷速度（如有必要的话）。b. 用大的绷网张力和小的网版与承印物之间的距离。

② 对会分成两部分的特殊图像采用大的网屏张力。

③ 记下解决问题的过程并保存样本以便日后参考。

由此可以总结出分析解决问题的方法和结论：

① 从 4 个方面（位置、方向、大小和频率）明确问题的特征，必要的话用显微镜观察。

② 归类问题，找到这类问题在问题描述表中的位置。

③ 寻找相关的第二证据，初步确定原因。

④ 分析最重要的因素，根据分析找到造成问题的最可能原因。

⑤ 找出满足假设并符合结果的原因。

⑥ 推荐采用适合当前条件彻底解决问题的方案。

⑦ 记录解决问题所采取的步骤，留一个样本，以备日后参照。

知识二　常见的丝网印刷故障

1. 糊版

糊版亦称堵版，是指丝网印版图文通孔部分在印刷中不能将油墨转移到承印物上的现象。这种现象的出现会影响印刷质量，严重时甚至会无法进行正常印刷。

丝网印刷过程中产生的糊版现象的原因是错综复杂的。糊版原因可从以下各方面进行分析。

① 承印物的原因。丝网印刷承印物是多种多样的，承印物的质地特性也是产生糊版现象的一个因素。例如：纸张类、木板类、织物类等承印物表面平滑度低，表面强度较差，在印刷过程中比较容易产生掉粉、掉毛现象，因而造成糊版。

② 车间温度、湿度及油墨性质的原因。丝网印刷车间要求保持一定的温度和相对湿度。如果温度高，相对湿度低，油墨中的挥发溶剂就会很快地挥发掉，油墨的黏度变高，从而堵住网孔。另一点应该注意的是，如果停机时间过长，也会产生糊版现象，时间越长糊版越严重。其次是，如果环境温度低，油墨流动性差也容易产生糊版。

③ 丝网印版的原因。制好的丝网印版在使用前用水冲洗干净并干燥后方能使用。如果制好版后放置过久不及时印刷，在保存过程中或多或少就会黏附尘土，印刷时如果不清洗，就会造成糊版。

④ 印刷压力的原因。印刷过程中压印力过大，会使刮板弯曲，副板与丝网印版和承

印物之间不是线接触，而呈面接触，这样每次副印都不能将油墨刮干净，而留下残余油墨经过一定时间便会结膜造成糊版。

⑤ 丝网印版与承印物间隙不当的原因。丝网印版与承印物之间的间隙不能过小，间隙过小在刮印后丝网印版不能脱离承印物，丝网印版抬起时，印版底部黏附一定油墨，这样也容易造成糊板。

⑥ 油墨的原因。在丝网印刷油中的颜料及其他固体料的颗粒较大时，就容易出现堵住网孔的现象。另外，所选用丝网目数及通孔面积比油墨的颗粒度小，使较粗颗粒的油墨不易通过网孔而发生封网现象也是其原因之一。对因油墨的颗粒较大而引起的糊版，可以从制造油墨时着手解决，主要方法是严格控制油墨的细度。

油墨在印刷过程中干燥过快，容易造成糊版故障，特别是在使用挥发干燥型油墨时，这类现象更为突出，所以在印刷时必须选择恰当的溶剂控制干燥速度。在选用油墨时要考虑气候的影响，一般在冬季使用快干性油墨，夏季则应在油墨中添加缓干剂，如果使用缓干剂还发生糊版现象，就必须换用其他类型油墨。

使用氧化干燥型油墨，糊版现象出现得不是很多，但在夏季如果过量使用干燥剂，也会发生糊版现象，一般夏季要控制使用干燥剂。

使用二液反应型油墨时，由于油墨本身干燥速度慢，所以几乎不发生糊版现象。

在印刷过程中，油墨黏度增高造成糊版，其主要原因是：版上油墨溶剂蒸发，致使油墨黏度增高，而发生封网现象。如果印刷图文面积比较大，丝网印版上的油墨消耗多，糊版现象就少。如果图文面积小，丝网印版上的油墨消耗少，就容易造成糊版，其对策是经常换用新油墨。油墨的流动性差，会使油墨在没有通过丝网时便产生糊版，这种情况可通过降低油墨黏度提高油墨的流动性来解决。

发生糊版故障后，可针对版上油墨的性质，采用适当的溶剂擦洗。擦洗的要领是从印刷面开始，由中间向外围轻轻擦拭。擦拭后检查印版，如有缺损应及时修补，修补后可重新开始印刷。应当注意的是，版膜每擦洗一次，就变薄一些，如擦拭中造成版膜重大缺损，则需要换新版印刷。

2. 粘页

丝网印刷品在堆积过程中，印页之间会生粘连故障，也称粘页故障。粘连现象会使印刷品发生质量问题，甚至会报废。发生粘连现象的主要原因有以下几方面：

① 印刷后，印刷品油墨干燥不充分。在油墨未干透时，就将印刷品叠放堆积，造成蹭脏和粘连现象。

② 丝网印刷油墨的组成材料选用不当也是造成印刷品之间粘连的原因。当油墨中的合成树脂成膜物质的软化点比较低时或油墨的挥发性不好时，就会出现粘连现象。通常蒸发干燥型油墨所使用的是热塑性树脂，这种树脂耐热性较差。如果印刷后墨膜上残留有溶剂，墨膜就会软化，从而造成印刷物粘连。特别是在夏季，由于气温比较高也容易引起印刷物之间的粘连现象。

③ 印刷所用油墨对承印物有一定溶解作用，同样会造成印刷物之间的粘连。印刷所使用的溶剂中，有些溶剂对承印物溶解性很大。当印刷后，油墨对承印物表面产生一定量的溶解，这时虽然油墨表面已经干燥，但油墨与承印物接触部分尚未干透，在叠放的重力作用下就会发生粘连现象。承印物是软质乙烯材料时，印刷后乙烯材料中的部分增塑剂向

墨膜转移，致使墨膜软化，也会导致发生粘连现象。

④ 为了防止粘连现象，首先要选用适合于承印材料的油墨、溶剂。其次选用干燥速度较快的油墨，并且注意充分干燥。严格按工艺要求操作。一般光泽型油墨容易引起粘连，所以要充分注意。

⑤ 刮板胶条磨损，刀部呈圆状，致使刮印的墨膜增厚，或印压过大，墨膜增厚，也会引发粘连故障。

3. 背面粘脏

背面粘脏是指在印成品堆积时，下面一张印刷品上的油墨粘到上面一张印刷品的背面的现象。如果这种现象得不到控制，将导致粘页并影响双面印刷品的另一面。背面粘脏的主要原因是油墨干燥不良。

解决背面粘脏的办法是调整油墨黏度，使用快干油墨，油墨中添加催干剂，在半成品表面喷粉，或加衬纸。

4. 油墨在承印物上固着不牢

① 对承印材料进行印刷时，很重要的是在印刷前应对承印材料进行严格的脱脂及前处理的检查。当承印物表面附着油脂类、黏结剂、尘埃物等物质时，就会造成油墨与承印物黏结不良。塑料制品在印刷前表面处理不充分也会造成油墨固着不牢的故障。

② 作为承印材料的聚乙烯薄膜，在印刷时为了提高与油墨的黏着性能，必须进行表面火焰处理，如是金属材料则必须进行脱脂、除尘处理后才能印刷，印刷后应按照油墨要求的温度进行烘干处理，如果烘干处理不当也会产生墨膜剥脱故障。另外，在纺织品印刷中为了使纺织品防水，一般都要进行硅加工处理，这样印刷时就不容易发生油墨黏着不良的现象。

③ 玻璃和陶瓷之类的物品，在印刷后都要进行高温烧结，所以只要温度处理合适，黏结性就会好。试验墨膜固着牢度好与坏的简单方法有：当被印刷物是纸张时，可把印刷面反复弯曲看折痕处的油墨是否剥离，如果油墨剥离，那么它的黏结强度就弱。另外，将印刷品暴露于雨露之中，看油墨是否容易剥落，这也是检验墨膜固着牢度好坏的一个方法。

④ 油墨本身黏结力不够引起墨膜固着不牢，最好更换其他种类油墨进行印刷。稀释溶剂选用不当也会出现墨膜固着不牢的现象，在选用稀释溶剂时要考虑油墨的性质，以避免出现油墨与承印物黏结不牢的现象发生。

5. 膜边缘缺陷

在网印刷产品中，常出现的问题是印刷墨膜边缘出现锯齿状毛刺（包括残缺或断线）。产生毛刺的原因有很多，但是主要原因在于丝网印版本身质量问题。

① 感光胶分辨率不高，致使精细线条出现断线或残缺。

② 曝光时间不足或曝光时间过长，显影不充分，丝网印刷图文边缘就不整齐，出现锯齿状。好的丝网印版，图文的边缘应该是光滑整齐的。

③ 丝网印版表面不平整，进行印刷时，丝网印版与承印物之间仍旧存有间隙，由于油墨悬空渗透，造成印刷墨迹边缘出现毛刺。

④ 印刷过程中，由于版膜接触溶剂后发生膨胀，且经纬向膨胀程度不同，使得版膜表面出现凹凸不平的现象，印刷时丝网印版与承印物接触面局部出现间隙，油墨悬空渗

透，墨膜就会出现毛刺。为防止锯齿状毛刺的出现，可从下述几方面考虑解决的办法。

　　a. 选用高目数丝网制版。

　　b. 选用分辨率高的感光材料制版。

　　c. 制作一定膜厚的丝网印版，以减少膨胀变形。

　　d. 尽量采用斜交绷网法绷网，最佳角度为 22.5°。

　　e. 精细线条印刷，尽量采用间接制版法制版，因为间接法制版出现毛刺的可能性较小。

　　f. 在制版和印刷过程中，尽量控制温度膨胀因素，使用膨胀系数小的感光材料。

　　g. 提高制版质量，保证丝网印版表面平整光滑，网版线条的边缘要整齐。

　　h. 应用喷水枪喷洗丝网印版，以提高显影效果。

　　i. 网版与承印物之间的距离、副板角度、印压要适当。

6. 着墨不匀

墨膜厚度不匀，原因是各种各样的，就油墨而言是油墨调配不良，或者正常调配的油墨混入了墨皮，印刷时，由于溶剂的作用发生膨胀、软化，将应该透墨的网孔堵住，使油墨无法通过。

为了预防这种故障，调配后的油墨（特别是旧油墨），使用前要用网过滤一次再使用。在重新使用已经用过的印版时，必须完全除去附着在版框上的旧油墨。印刷后保管印版时，要充分地洗涤（也包括刮板）。如果按上述要求做了，着墨不匀的事故就不会发生了。

如果刮板前端的尖部有损伤的话，会沿刮板的运动方向出现一条条痕迹。特别在印刷透明物时，就会出现明显的着墨不匀。所以，必须很好地保护刮板的前端，使之不发生损伤，如果损伤了，就要用研磨机认真地研磨。

印刷台的凹凸也会影响着墨均匀。凸部墨层薄，凹部墨层厚，这种现象也称为着墨不均。另外，承印物的背面或印刷台上沾有灰尘的话，也会产生上述故障。

7. 针孔

针孔现象对于从事丝网印刷的工作人员来说，是最头痛的问题。如果是广告牌及厚纸之类不透明物的印刷，这种不易观察到的小孔一般不成为问题。但是在铝板、玻璃、丙烯板上进行精密的印刷，需经后加工和腐蚀加工时，就不允许产生针孔。另外，针孔发生的原因也多种多样，有许多是目前无法解释的原因。针孔是印刷产品检查中最重要的检查项目之一。

　　① 附在版上的灰尘及异物。制版时，水洗显影会有一些溶胶混进去。另外，在乳剂涂布时，也有灰尘混入，附着在丝网上就会产生针孔。这些在试验时，如注意检查的话，就可发现并可进行及时的补修。若灰尘和异物附着在网版上，堵塞网版开口也会造成针孔现象。在正式印刷前，若用吸墨性强的纸，经过数张印刷，就可以从版上除去这些灰尘。

　　② 承印物表面的清洗。铝板、玻璃板、丙烯板等在印刷前应经过前处理使其表面洁净。在承印物经过前处理后，应马上印刷。在多色印刷中，一般采用印刷前用酒精涂擦的方法。另外，还可使用半自动及全自动的超声波洗净机。经过前处理，可去除油脂等污垢，同时，也可除去附着在表面上的灰尘。

清洗机用的洗涤剂往往混有碎纤维，这种洗涤剂溶于酒精中，在清洗承印物表面时，往往会形成薄的界面活性剂膜，在膜上印刷油墨时则会发生针孔。因此在使用清洗剂和酒精时要特别注意。用手搬运承印物时，手的指纹也会附着在印刷面上，印刷时形成针孔。

8. 气泡

承印物在印刷后的墨迹上有时会出现气泡，产生气泡的主要原因有以下几个方面。

① 承印物印前处理不良。承印物表面附着灰尘以及油迹等物质。

② 油墨中的气泡。为调整油墨，加入溶剂、添加剂进行搅拌时，油墨中会混入一些气泡，若放置不管，黏度低的油墨会自然脱泡，黏度高的油墨有的则不能自然脱泡。这些气泡有的在印刷中因油墨的转移而自然消除，有的却变得越来越大。为去除这些气泡，要使用消泡剂，油墨中消泡剂的添加量一般为 $0.1\% \sim 1\%$，若超过规定量反而会起到发泡作用。

油墨转移后即使发泡，只要承印物的湿润度和油墨的流动性良好，其印刷墨膜表面的气泡会逐渐消除，油墨形成平坦的印刷墨膜。如果油墨气泡没有消除，其墨膜会形成环状的凹凸不平的膜面。一般油墨中的气泡在通过丝网时，因丝网的作用可以脱泡。另外，油墨混合搅拌时用热水或开水会有较好的脱泡效果。

红、蓝、绿等透明的油墨，因微粒子的有机颜料量比例较少，这些油的连结料具有易发泡的特点。若添加相应稀释剂、增黏剂或撤黏剂，也可使油墨转变为稳定的印刷适性良好的油墨。

③ 印刷速度过快或印刷速度不均匀。适当降低印刷速度，保持印刷速度的均匀性。

如果上述几条措施均不能消除印刷品中的气泡，可考虑使用其他类型油墨。

9. 网痕

丝网印刷品的墨膜表面有时会出现丝网痕迹，出现丝网痕迹的主要原因是油墨的流动性较差。丝印过程中，当印版抬起后，转移到承印物上的油墨靠自身的流动填平网迹，使墨膜表面光滑平整。如果油墨流动性差，当丝网印版抬起时，油墨流动比较小，不能将丝网痕迹填平，就得不到表面光滑平整的墨膜。为了防止印刷品上出现丝网痕迹，可采用如下方法：

① 使用流动性大的油墨进行印刷。

② 可考虑使用干燥速度慢的油墨印刷，增加油墨的流动时间使油墨逐渐展平并固化。

③ 在制版时尽量使用丝较细的单丝丝网。

10. 印刷位置不精确

即使网版尺寸、印刷机等方面都不存在什么问题，但承印材料形状不一致，材料收缩过大且不一致等都会造成印刷位置不精确。如纸类套色印刷，一道颜色印刷后进行干燥，温度高低的变化，引起其尺寸发生变化，结果在进行第二次、第三次印刷时，就会出现套印不准的故障。当印刷材料是塑料制品时，印刷场所温度、湿度的变化都能引起其尺寸的变化，影响印刷精度，而且塑料制品形状、成型加工时的条件（如温度、时间）都不完全一致，印刷时都必须考虑，采取相应措施，尽可能预先计算给予补正。

11. 叠印不良

重叠墨膜叫作叠印。多色印刷时，在前一印的墨膜上，后一印的油墨不能清晰地印上，这种现象叫叠印不良。例如：氧化聚合型的油墨，其干燥剂添加量过多，虽能促进干燥，但墨膜的氧化及硬化过度时，会使两色的油墨相互排斥。另外，挥发型油墨若过量添加消泡剂，消泡剂在墨膜表面形成薄膜，妨碍叠印。补救方法是使用叠印性能好的油墨，降低油墨的黏度，在油墨中添加助剂，降低油墨的干燥速度等。

12. 成品墨膜尺寸扩大

丝网印刷后，有时会出现印刷尺寸扩大的现象。印刷尺寸扩大的主要原因是油墨黏度比较低以及流动性过大；丝网印版在制作时尺寸扩大，也是引起印刷尺寸扩大的原因。

为避免油流动性过大而造成印刷后油墨向四周流溢，致使印刷尺寸变大，可考感在流动性过大的油墨中添加一定量的增稠剂，以降低油墨的流动性，还可使用快干性油墨，加快油墨在印刷后的干燥速度，减少油墨的流动。在制作丝网印版时，要严格保证丝网版的质量。

13. 墨膜龟裂

墨膜龟裂是由于溶剂的作用和温度变化较大引起的。承印物材料本身因素也会导致墨膜龟裂的现象发生。

为了防止墨膜龟裂的发生，在选用溶剂时要考虑油墨的性质和承印物的耐溶剂性。选用耐溶剂性、耐油性强的材料作为承印材料，并注意保持车间温度均衡，在多色套印时，要在每色印刷完充分干燥，并严格控制干燥温度，即可有效地防止墨膜龟裂现象的发生。

14. 洇墨

洇墨是指在印刷的线条外侧有油墨溢出的现象。在印刷条线时，在刮板运动方向的一边，油墨溢出而影响了线条整齐，这种现象就叫作洇墨。洇墨可以通过调整印版和油墨的关系，刮板的运行和丝网绷网角度的关系加以解决。丝网印版通孔部分的形状，因制版方法（间接法、直接法、直间法）不同而不同。理想的通孔，应在副印时与承印物表面能够密合。具有理想通孔形状的印版，印出的墨膜鲜锐、整齐、尺寸精确，不洇墨。为了防止洇墨现象的发生，版膜应有适当的厚度、弹力和平滑性，为此可使用柔软的尼龙丝网和尺寸精度高的聚酯丝网制版。为防止洇墨，在制版工序中最好采用斜法绷网。

15. 印版漏墨

版膜的一部分漏墨，称为漏墨故障，其原因有：刮板的一部分有伤；刮墨的压力大；版与承印物之间的间隙过大；版框变形大，局部印压不够；油墨的黏度过高；油墨不均匀；丝网过细；印刷速度过快等。

如果承印物上及油墨内混入灰尘后，不加处理就进行印刷的话，因刮板压力作用会使版膜受损；制版时曝光不足产生针孔等，都会使版膜产生渗漏油墨现象。这时，可用胶带纸等从版背面贴上做应急处理。这种操作若不十分迅速，就会使版面的油墨干燥，不得不用溶剂擦版。擦版也是导致版膜剥离的原因，因此最好避免。版的油墨渗漏在油墨停留的部分经常发生，因此在制版时最好加强这一部分。

在手动印刷的给料过程中，把金属板及硬质塑料板插入印刷台时，容易发生尖角刺破版膜的情况，因此要十分小心。一般最好在印刷之前进行检查和补强。为了防止漏墨，印刷开始前要对印版进行检查或修补。版膜的针孔要补好，印版的四周要充分加强，然后再开始印刷。

16. 图像变形

印刷时由刮板加到印版上的压力，能够使印版与承印物之间呈线接触就可以了，不要超过。印压过大，印版与承印物呈面接触，会使丝网伸缩，造成印刷图像变形。丝网印刷是各种印刷方式中印压最小的一种印刷，如果我们忘记了这一点是印不出好的印刷品来的。

如不加大压力不能印刷时,应缩小版面与承印物面之间的间隙,这样刮板的压力即可减小。

17. 滋墨

滋墨是指承印物图文部分和暗词部分出现斑点状的印连,这种现象损害了印刷效果特别是使用透明的油墨更容易产生此种现象。其原因有以下几点:印刷速度与油墨的干燥过慢;墨层过薄;油墨触变性大;静电的影响;油墨中颜料分散不良,因颜料粒子的改性作用,粒子相互展集,出现色彩斑点印迹。

改进的方法是:改进油墨的流动性;使用快干溶剂;尽可能用黏度高的油墨印刷尽量使用以吸油量小的颜料做成的油墨;尽量减少静电的影响。

18. 飞墨

飞墨即油墨拉丝现象,造成的原因是:油墨研磨不匀;印刷时刮板离版慢;印刷图像周围的余白少;产生静电,导致油墨拉刮板角度过小。

19. 静电故章

静电电流一般很小,电位差却非常大,并可出现吸引、排斥、导电、放电等现象。这些现象会导致产品劣化,性能减退,引发火灾,人体带电等不良后果。

① 给丝网印刷带来的不良影响。印刷时的丝网,因刮板橡胶的加压刮动使橡胶部分和丝网带电。丝网自身带电,会影响正常着墨,产生堵版故障;在承印物输出的瞬间会被丝网吸住。

a. 合成树脂系的油墨容易带电。

b. 承印物即使像纸一样富于吸水性,但空气干燥时,也会产生静电。塑料类的承印物绝缘性好,不受温度影响,也易产生静电。

c. 印刷面积大,带电也越大,易产生不良效果。

d. 由于火花放电会引发火灾,所以使用易燃溶剂时要十分小心。

e. 因静电而引起的人体触电,是由于接触了带电物,或积蓄前静电在接地时产生火花放电而造成的。电击产生的电流虽然很小,不会发生危险,但经常发生电击,会给操作人员的心理带来不良影响。

② 防止静电的方法。防止静电产生的方法有:调节环境温度,增加空气湿度,温度一般为 20℃ 左右,相对湿度 60% 左右;将少量防静电剂放入擦洗承印材料用的酒精中;减少摩擦压力及速度;尽可能减少承印物的摩擦、压力、冲击;安装一般的接地装置;利用红外线、紫外线的离子化作用;利用高压电流的电晕放电的离子化作用。

技能训练

任务 1　丝网印刷品的质量检测

丝网印刷品的质量检测操作步骤如下:

1. 印刷品套印准确度的检验

(1) 将套印产品置于看样台上。

(2) 使用放大镜检测定位套印线。

（3）判断。看各色十字线是否重合，完全重合说明套印准确，若不重合说明套印不准。

2. 印刷品图像偏色的检验

（1）将原稿、印刷品并列放置于看样台上。

（2）目测对比。

（3）判断。依据印刷品色彩在视觉、心理上的再现程度，做出必要的主观评价。

3. 用密度计测量图文的密度

（1）标准校正。在主菜单中使用向上跳位键或向下跳位键加亮"校正"健，再按进入键进入白板校正功能，将仪器放置到仪器座上，对准标准白板，压低仪器头到基座，保证稳定直到用户对话框表明校正完成。有时会出现需要校正暴筒，就把测头放到黑简上再校正一次。

（2）在主菜单中连续按向上跳位或向下跳位键移动光标到"密度"功能。

（3）确保"样品"菜单在屏基中技加亮，将目标窗口对准样品测量。

（4）压下仪器头并保持此测量位置。

（5）一旦测量数据显示于屏基，释放仪器头。

（6）测量数据或者显示为实际密度值（绝对值或减去纸张的相对密度值）或者显示为测量值与标准值的差异状态。

4. 印刷图像的外观缺陷检测

（1）将印刷品放置于看样工作台上。

（2）检查印刷品墨膜边缘是否出现锯齿状毛刺，包括残缺或断线。

（3）检查磨痕墨膜表面出现丝网的痕迹。

（4）检查墨膜上是否出现气泡。

（5）检查墨膜上是否出现砂眼白点。

（6）检查是否出现油墨拉丝现象。

（7）检查是否墨膜色裂。

（8）检查图文部分和暗调部分出现斑点状的印迹。

（9）检查是否存在油墨溢出现象。

（10）检查印刷图像是否出现不应有的花纹。

【注意事项】

（1）常规检验用 10～15 倍，定量检验用 30～50 倍读数的放大镜。

（2）使用密度计过程中一定要进行校正调零。

参 考 文 献

[1] 王凯，张彦. 丝网印刷工艺与实训 [M]. 北京：文化发展出版社. 2013

[2] 郑德海，郑军明. 丝网印刷工艺 [M]. 北京：印刷工业出版社. 2006

[3] 霍李江. 丝网印刷实用技术 [M]. 北京：印刷工业出版社. 2008

[4] 肖志坚. 丝网印刷操作教程 [M]. 北京：化学工业出版社. 2010

[5] 潘杰. 实用丝网印刷技术 [M]. 北京：化学工业出版社. 2015

[6] 赵东柏. 丝网印刷工艺 [M]. 湖南：湖南科技出版社. 2010

[7] 武军. 丝网印刷原理与工艺 [M]. 北京：中国轻工业出版社. 2006

[8] 新闻出版总署人事教育司，中国网印及制像协会. 国家职业资格培训教程网版印刷工上、中、下册 [M]. 北京：印刷工业出版社. 2008

[9] 新闻出版总署人事教育司，中国网印及制像协会. 国家职业资格培训教程网版制版工 中册（初级工、中级工、高级工）[M]. 北京：印刷工业出版社. 2008

[10] 陶响娥. 浅谈丝网印刷的制版工作 [J]. 广东印刷，2018 (05)：29-31.

[11] 王永秋. 影响丝网印刷质量的工艺参数分析 [J]. 网印工业，2018 (01)：34-37.

[12] 王建华. 丝网印刷实验教学研究 [J]. 印刷杂志，2016 (11)：49-52.

[13] 孟云. 丝印中几种特殊的丝网类型 [J]. 网印工业，2015 (10)：40-42.

[14] 张纪娟. 丝网印刷在金属包装中的印刷工艺 [J]. 网印工业，2015 (08)：24-27.

[15] 王鹏. 关于印刷工艺对平面设计作用的探讨 [J]. 轻工科技，2015，31 (07)：118-119.

[16] 杨倩倩. 全自动丝网印刷机的结构分析与研究 [D]. 中北大学，2015.

[17] 陶响娥. 浅谈丝网印刷的制版工作 [J]. 广东印刷，2018 (05)：29-31.

[18] 李瑞，李新宇. 网印在组合印刷中的装饰效果 [J]. 丝网印刷，2017 (07)：14-16.

[19] 李锋. 介绍几种网版印刷新材料 [J]. 丝网印刷，2016 (12)：27-29.

[20] 马金涛. 网版印刷市场的发展与应用（一）[J]. 丝网印刷，2016 (11)：6-7.

[21] 王建华. 丝网印刷实验教学研究 [J]. 印刷杂志，2016 (11)：49-52.

[22] 孟云. 丝印中几种特殊的丝网类型 [J]. 网印工业，2015 (10)：40-42.

[23] 胡晓斌. 新一代高精密网版印刷激光直接制版系统 [J]. 丝网印刷，2016 (02)：12-14.